천연 비타민에 대한 완벽한 안내서

천연 비타민에 대한 완벽한 안내서

발행일 2022년 10월 14일 초판 1쇄 발행
지은이 리지 스트라이트
옮긴이 윤현정
발행인 강학경
발행처 시그마북스
마케팅 정제용
에디터 최윤정, 최연정
디자인 김문배, 강경희

등록번호 제10-965호
주소 서울특별시 영등포구 양평로 22길 21 선유도코오롱디지털타워 A402호
전자우편 sigmabooks@spress.co.kr
홈페이지 http://www.sigmabooks.co.kr
전화 (02) 2062-5288~9
팩시밀리 (02) 323-4197
ISBN 979-11-6862-075-9 (03590)

천연 비타민에 대한 완벽한 안내서

리지 스트라이트 지음 | 윤현정 옮김

시그마북스
Sigma Books

[CONTENTS]

PART 1
비타민

일러두기

- 1큰술은 15ml, 1작은술은 5ml입니다.
- 본문에 나오는 컵의 용량은 미국 기준으로 1컵은 236ml, 1/2컵은 118ml입니다.
- 원서에서는 oz를 사용했기에 g으로 계산해 변경했습니다. 1oz를 약 28.3g으로 잡은 뒤 반올림했습니다.
- 본문에 기재된 섭취량 수치는 〈2020 한국인 영양소 섭취기준〉(보건복지부·한국영양학회, 2021)를 참고해 작성했습니다.
- 모든 각주는 옮긴이와 편집자의 주입니다.

[들어가며]

'비타민과 무기질의 완벽한 가이드'에 여러분을 초대한다! 아마 여러분은 영양소가 체내에서 어떻게 작용하며, 어떻게 해야 충분히 섭취할 수 있는지 방법을 알고자 이 책을 선택했을 것이다. 특별 식단으로 영양소 결핍을 예방하는 방법이나, 언제 어떻게 보충제를 섭취해야 하는지 궁금할 것이다. 이 책을 읽는 이유가 무엇이든, 여러분은 비타민과 무기질의 기본에 대해 배울 수 있다.

비타민과 무기질 이해하기

비타민과 무기질은 미량영양소다. 상당히 적은 양만 필요하지만 인간의 건강에 필수적이며 체내에서 매우 중요한 기능을 한다. 이 책에서는 체내에서 만들어지지 않거나 적정량만큼 생산되지 않는 필수 비타민과 무기질에 대해 소개한다. 식품으로 30종류의 영양소를 두루 섭취하는 것이 중요하다. 이 영양소 중 하나를 너무 많이 섭취하면 득보다 실이 많을 수 있다. 이 책에서는 각 영양소의 주요 기능과 급원식품, 결핍 증세에 대한 정보와 독성, 비타민과 무기질 보충제 복용의 안전성에 대해서도 설명한다.

몇 안 되는 비타민 D의 급원식품인 연어. 브로콜리와 아스파라거스는 엽산(비타민 B9)을 함유하고 있다.

비타민은 탄소를 함유하고 있으며 열, 빛, 공기에 의해 분해되거나 변할 수 있는 유기 화합물이다. 따라서 조리와 보관 방법에 따라 식품의 비타민 함량이 감소할 수 있다. 크게 지용성 비타민과 수용성 비타민으로 분류된다. 비타민 A, D, E, K는 지용성이며, 비타민 B 8종, 콜린, 비타민 C는 수용성이다. 물에 녹는 수용성 비타민은 물에 쉽게 흡수되고, 과량 섭취하면 소변으로 쉽게 배설된다. 반면, 지용성 비타민은 물에 녹지 않고 지방 조직에 저장된다. 따라서 일부 지용성 비타민은 과잉 섭취하면 체내에 독성이 축적될 수 있으며, 이는 일반적으로 식품이 아닌 보충제를 과잉으로 섭취했을 때 나타난다.

무기질은 열, 빛, 공기로 변할 수 없는 무기 화합물이다. 식물성 식품, 생선, 육류는 토양과 물에서 무기질을 흡수한다. 열은 음식 속에 있는 무기질을 분해하지 않기 때문에 조리해도 비타민처럼 영향을 받지 않는다. 그러나 일부 무기질은 요리 중에 재료에서 수분이 빠져나가면서 손실될 수 있다. 무기질은 상대적으로 많이 필요한 다량무기질과 적게 필요한 미량무기질로 분류된다. 다량무기질에는 칼슘, 염소, 마그네슘, 인, 칼륨, 나트륨, 황이 있으며, 미량무기질에는 크롬, 구리, 불소, 요오드, 철, 망간, 몰리브덴, 셀레늄, 아연이 있다.

플레인 요구르트는 칼슘이 풍부한 식품 중 하나다.

필요량과 가이드라인

영양소 섭취기준(DRIs: Dietary Reference Intakes) 또는 권장섭취량에 사용되는 기준값에는 각 비타민과 무기질이 포함되어 있다. 국립 의학원의 식품영양 위원회는 건강한 사람들을 위한 기준값을 설정하고 있다.* 이 책에서는 다음과 같은 영양소 섭취기준을 설명한다.

- **권장섭취량**(RDA: Recommended Dietary Allowance): 권장섭취량은 건강한 사람의 필요량을 최대 98% 충족시키는 하루 평균 영양소 섭취량을 의미한다.

- **충분섭취량**(AI: Adequate Intake): 권장섭취량에 근거가 부족한 경우, 영양학적으로 충분하다고 생각되는 영양소 섭취수준인 충분섭취량을 설정한다.

- **상한섭취량**(UL: Tolerable Upper Intake Level): 상한섭취량은 건강에 유해한 영향을 미치지 않는 최대 일일 섭취량을 나타낸다. 모든 영양소에 상한섭취량이 설정되어 있지는 않다.

기준값은 연령과 성별에 따라 다르다. 남성과 여성, 임신부와 수유부는 서로 필요한 영양소 양이 다르다. 노인의 경우에도 일부 영양소의 기준값이 다르다. 연령집단에 따른 영양 필요량이 차이가 없는 경우, 19세 이상의 성인 남성과 여성에 해당되는 값을 표기한다.

중요한 것은 이 값이 건강한 보통 사람에게 필요한 영양소 섭취량이라는 점이다. 이 책에서 소개할 특정 의학적 질환, 생애주기의 단계, 특별식에 따라 필요한 영양소 섭취량이 다를 수 있다. 이 값은 영양 섭취를 평가하는 좋은 방법이지만, 일부 개인에게는 정확한 기준이 아닐 수도 있다. 비타민과 무기질의 필요량 또는 섭취량에 대해 우려된다면 의사와 공인 전문 영양사와 상담하도록 한다.

18세 이하

어린이와 청소년을 위한 값은 이 책에 표기되어 있지 않다. 일반적으로 영아와 유아는 성인에 비해 적은 양이 필요하다. 18세 이하의 개인에게 필요한 각 비타민과 무기질의 양은 <2020 한국인 영양소 섭취기준>**에서 확인할 수 있다.

임신과 수유 중 올바른 음식 선택

임신부와 수유부를 위한 각 비타민과 무기질 권장섭취량이 있다. 다만 임신 중에는 일반인들을 위한 급원식품에 있는 모든 식품이 권장되지는 않는다. 임신부과 수유부는 식품을 선택하기 전에 의사·약사와 상의해야 한다.

---

* 한국에서는 한국영양학회와 보건복지부에서 하고 있다.
** 보건복지부 홈페이지에서 '한국인 영양소 섭취기준'으로 검색하면 자료를 찾을 수 있다.

이 책에 소개된 맛있는 음식 사진을 참고해 매일 다양한 영양소를 포함한 식단을 구성할 수 있다.

[이 책의 활용법]

이 책의 PART 1에서는 지용성 비타민, 수용성 비타민, 콜린(비타민 유사 물질)까지 필수 비타민을 소개한다. PART 2에서는 다량무기질과 미량무기질을 소개한다. 마지막 PART 3에서는 비타민과 무기질을 일상 식단에 적용하는 방법에 대해 설명한다.

각 비타민과 무기질 설명에서는 다음 내용을 포함한다.

권장섭취량 / 충분섭취량: 각 영양소의 시작 부분에 표기되어 있다.

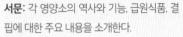

서문: 각 영양소의 역사와 기능, 급원식품, 결핍에 대한 주요 내용을 소개한다.

급원식품: 영양소를 섭취할 수 있는 급원식품뿐 아니라, 잘 알려지지 않은 급원식품도 소개한다.

보충제 섭취: 보충제가 언제 유용하고 필요한지 평가한다. 영양소에 상한섭취량이 확립되어 있거나 독성이 우려되는 경우 여기서 논의한다.

체내에서의 기능: 체내에서의 각 비타민과 무기질의 주요 기능과 질병 예방·관리에 관한 역할을 살펴본다.

결핍: 결핍의 예방, 징후와 증세, 위험 집단에 대해 살펴본다.

부엌에서: 맛있고 쉽게 충분한 영양소를 섭취할 수 있는 레시피 아이디어를 소개한다.

비타민 / 무기질 팁: 영양소 흡수에 영향을 미치는 요인과 더 잘 섭취할 수 있는 조리 방법을 소개한다.

이 책의 마지막 부분에는 비타민과 무기질에 관한 일반적인 질문과 장점에 대해 설명한다. 체내에서 영양소가 함께 작용하는 방법, 항산화제, 생애 주기에 따른 영양, 일반적인 보충제에 대해 다룬다. 또한 영양이 풍부하게 들어 있고 균형 있는 1주일 식단을 제안하며 마무리한다.

강화식품

"급원식품"에 나열된 식품 중 일부는 강화식품으로 분류할 수 있다. 강화(enriched foods)는 우유에 비타민 D를 첨가하는 것처럼 본래 식품에 부족한 영양소를 첨가하는 것을 의미한다. 또 다른 의미의 강화(fortified foods)는 비타민 B를 강화한 빵 또는 파스타처럼 식품 가공 중에 손실된 영양소를 채우는 것이다. 강화제품은 특정 영양소의 좋은 공급원이 될 수 있다. 예를 들어, 일반 오렌지 주스는 칼슘이 많지 않지만, 칼슘 강화 오렌지 주스는 칼슘의 좋은 공급원이다. 일반적으로 강화식품은 보충제보다 더 나은 영양소 공급원이다.

기준값의 식단 적용

특정 영양소에 대한 권장섭취량 또는 충분섭취량은 일일 평균 권장섭취량이다. 그러나 권장섭취량을 매일 정확하게 섭취하지 않아도 된다. 대신 각 영양소의 주간 섭취량에 집중해 다양한 식사를 해서 필요한 양을 섭취하도록 한다. 먼저 비타민 A 영양소의 주간 섭취량을 권장섭취량에 7을 곱해 계산한다.

- 700mcg(권장섭취량) × 7 = 4,900mcg(주간 비타민 A 섭취량)

다음, 급원식품인 고구마 1개가 해당 영양소의 주간 섭취량에서 어느 정도에 해당하는지 계산한다. 계산을 통해 급원식품을 얼마나 많이 섭취해야 하는지 알 수 있다.

- 4,900mcg - 1,403mcg(고구마 1개)
  = 비타민 A 3,497mcg 섭취 필요
- 3,497mcg ÷ 1,403mcg = 고구마 2.5개 섭취량

고구마로 예를 들었지만, 필요한 영양소에 맞게 다양한 음식을 섭취하는 것이 가장 좋다. 비타민 A에 나열된 다른 식품에 대해서도 위의 방법으로 계산할 수 있으며, 급원식품에 나열되지 않은 식품이 많다. <2020 한국인 영양소 섭취기준>에서 급원식품을 파악 후, 인터넷에서 레시피를 검색한다.

급원식품 목록을 보고 필요한 영양소의 양을 정확하게 맞추기보다는 식품과 해당하는 영양소 함량을 기준으로 참고하도록 한다. 식품에 있는 비타민과 무기질의 양은 재배 조건, 식품 가공·제조 기술에 따라 다를 수 있다.

PART 1
비타민

여기에서는 13가지 필수 비타민과 유사 영양소인 콜린에 대한 개요를 소개한다. 각 비타민이 신체에서 어떻게 작용하고 결핍될 경우 어떤 일이 일어나는지 설명한다.

이 책을 보고 당신의 비타민 섭취와 상태를 평가할 수 있다. 또한 주방에서 적용할 수 있는 정보를 이용해 완벽하게 영양학적으로 균형 잡힌 식단을 준비할 수 있다. 원기회복이 필요할 때, 쉽게 찾을 수 있도록 필요한 페이지를 표시해 놓자.

과도한 보충제 섭취는 위험하다. 식품으로 비타민을 섭취하는 것이 가장 좋다. 미량영양소에 관련된 사항은 의사·약사와 반드시 상의하도록 한다.

곁가지 정보

비타민을 보충제 대신 식품으로 섭취하면 장수하는 데 도움이 된다. 비타민을 알약으로 섭취하는 것은, 비타민이 풍부한 다양한 식품을 섭취하는 것과 같은 유익한 효과가 없다.

[비타민 A]

- 레티놀 -

시력 보강

권장섭취량

남성(19~49세) ···	800mcg RAE	여성(19~49세) ···	650mcg RAE
남성(50~64세) ···	750mcg RAE	여성(50세~) ········	600mcg RAE
남성(65세~) ······	700mcg RAE	임신부 ·············	720mcg RAE
		수유부 ·············	1140mcg RAE

RAE(Retinol Activity Equivalents): 레티놀 활성 당량

시력이 좋아지려면 당근을 많이 먹으라는 말을 들어본 적이 있는가? 그렇다면 비타민 A가 눈 건강에 중요한 역할을 한다는 사실을 어느 정도 알고 있다는 것이다.

레티놀이란?

레티놀은 활성화된 비타민 A(레티놀과 레티닐 에스터)와 프로비타민 A 카로티노이드의 두 종류의 지용성 화합물로 이뤄져 있다. 활성화된 비타민 A는 동물성 식품에 함유되어 있으며, 카로티노이드는 대부분 식물성 식품에 함유되어 있다. 가장 잘 알려진 프로비타민 A 카로티노이드인 베타카로틴은 당근과 고구마가 주황빛을 띠게 하는 물질이다.

　프로비타민 A 카로티노이드는 체내에서 활성 형태의 비타민 A인 레티놀로 전환되어야 한다. 비타민 A의 영양 권장량은 레티놀과 프로비타민 A 카로티노이드의 다른 활성을 설명하기 위해 레티놀 활성 당량(RAE)을 사용한다. 카로티노이드가 레티놀로 전환되기 때문에 비건이나 채식을 주로 하는 사람도 식물성 식품만으로 충분히 섭취할 수 있다.

급원식품

활성화된 비타민 A의 급원식품으로는 간, 생선, 어유, 우유가 있다. 프로비타민 카로티노이드는 당근, 살구, 시금치, 호박, 브로콜리 등 다양한 과일과 채소에 함유되어 있다. 껍질째 구운 고구마 하나만 먹어도 이틀 치 분량의 비타민 A를 섭취할 수 있다.

삶은 쇠고기 간(약 28g)	2,650mcg
껍질째 구운 고구마(중간 크기 1개)	1,403mcg
생 당근(1/2컵)	459mcg
생 시금치(2컵)	282mcg
우유(1컵)	112mcg
삶은 연어(중간 크기 한 토막)	79mcg
파파야(1컵)	78mcg
반으로 잘라 건조한 살구(10개)	63mcg

보충제 섭취

보충제로 과도하게 활성화된 비타민 A를 섭취하는 것은 독성이 있을 수 있어서 거의 권장하지 않는다. 항상 의료 전문가에게 확인 후, 섭취하도록 한다(16쪽의 비타민 A의 독성 참고).

체내에서의 기능

좋은 시력과 면역을 위해 필요한 영양소인 비타민 A는 신체 내에서 중요한 기능을 한다. 망막의 영문명이 레티나(retina)인 것에서 알 수 있듯이, 망막이 정상적인 기능을 하기 위해서는 비타민 A가 필요하다. 비타민 A를 충분히 섭취하지 않으면 밤눈이 어두워지고, 눈 흰자에 비토 반점이라 불리는 작은 반점이 생긴다.

태아 때부터 비타민 A는 눈, 심장, 폐, 그 외 중요한 장기의 발달에 필요하다. 비타민 A는 면역 세포를 관리해 신체가 감염과 질병에 저항하도록 돕고, 세포가 손상되지 않도록 항산화제 기능을 한다.

결핍

비타민 A 결핍은 드물지만 급원식품이 제대로 공급되지 않는 개발도상국에서는 흔할 수 있다. 이 지역의 어린이와 임신부는 특히 위험하다.

비타민 A 결핍 증세로는 야맹증과 감염에 대한 저항력 약화가 있다. 선진국에서는 결핍이 일어날 가능성이 매우 낮으므로, 비타민 A 보충제를 먹는 것은 보통 권장하지 않는다.

비타민 A의 독성

신체는 프로비타민 A의 전환을 조절하기 때문에 프로비타민 A 카로티노이드에서 독성이 생길 가능성은 낮다. 그러나 지용성 화합물인 비타민 A는 남아 간에 축적될 수 있다. 동물의 간을 많이 섭취하지 않는다면 일반적으로 음식보다는 보충제로 인해 비타민 A 독성이 생긴다. 비타민 A 보충제를 과다하게 섭취하면 잠재적으로 해로운 부작용을 일으킬 수 있으며 드물게는 사망할 수 있다.

임신부는 비타민 A 보충제를 섭취할 때 주의해야 한다. 비타민 A가 과도하게 활성화되면 선천성 기형으로 이어질 수 있기 때문이다. 섭취하고 있는 임신부용 비타민이 비타민 A를 함유하고 있다면, 프로비타민 A 카로티노이드에서 나온 것인지 확인한다. 일부 임신부용 비타민은 프로비타민 A 카로티노이드와 레티닐 에스터가 혼합되어 있을 수 있다. 표기 사항을 확인하고 보충제를 복용하기 전에 의사와 상의하도록 한다. 활성화된 비타민 A의 독성 상한섭취량(UL)은 19세 이상의 남성과 여성은 3,000mcg. 활성화된 비타민 A와 프로비타민 A 카로티노이드가 보충제에 얼마나 포함되어 있는지 궁금하다면 표기 사항에서 세부 내용을 확인하도록 한다.

곁가지 정보

면역 기능 때문에 비타민 A는 1920년대 연구 자료에서 "항감염 비타민"이라 불렸다.

비타민 팁

지방과 함께 비타민 A가 함유된 식품을 섭취하면 흡수가 잘 된다. 조리한 시금치에 올리브 오일을 뿌려 먹거나 구운 고구마와 아보카도를 함께 먹는 것을 추천한다.

[비타민 D]

- 칼시페롤 -

-
햇빛 비타민
-

충분섭취량

남싱과 어싱(19~64세) ···················· 10mcg (400 IU)

남성과 여성(65세~) ····················· 15mcg (600 IU)

임신부와 수유부 ····················· 10mcg

햇빛은 정서적으로도 좋은 영향을 미치는데다가 체내에서 비타민 D를 합성하는 데 필요하기도 하다. 햇빛이 피부에 닿으면 비타민 D가 생성되고 이 영양소가 간과 신장에서 활성화되어 대사된다.

칼시페롤이란?

칼시페롤로도 알려진 비타민 D는 호르몬과 유사하게 작용하는 지용성 비타민이다. 혈액에 들어 있는 칼슘과 인의 농도 조절, 골광화 같은 체내에서의 중요한 과정에 신호를 보낸다.

비타민 D에 대한 충분섭취량을 충족하는 가장 좋은 방법은 맨살로 10~30분 햇빛을 쬐는 것이다. 피부가 어두운 톤이면 더 오랫동안 햇빛을 쬘 필요가 있으며, 피부가 희거나 피부암 위험이 높은 사람은 주의해야 한다. 이런 경우, 햇빛보다 식품이나 보충제로 필요한 비타민 D를 섭취해 충족시키는 것이 중요하다. 현재 비타민 D의 충분섭취량은 햇빛을 제한적으로 받는다는 가정하에서 정한 값이다. 식품이나 보충제에 포함된 비타민 D의 양은 마이크로그램(mcg) 또는 국제 단위(IU)로 표기하며 1IU는 0.025mcg다.

급원식품

비타민 D는 두 가지 형태로 식품과 보충제에 함유되어 있다. 첫 번째는 자외선에 노출된 버섯과 일부 강화식품에 들어 있는 비타민 D2, 두 번째는 생선과 달걀노른자에 있는 비타민 D3다. 그러나 두 가지를 다 함유한 급원식품은 거의 없다. 일주일에 대구간유를 몇 스푼씩 먹으면 충분섭취량을 섭취할 수 있다.

대구간유(1큰술)	34mcg
조리한 홍연어(약 85g)	12mcg
자외선에 노출된 생 버섯(1/2컵)	9mcg
강화 2% 저지방 우유(1컵)	3mcg
강화 오렌지 주스(1/2컵)	1.25mcg
물기 제거한 물 담금 참치 통조림(약 85g)	1mcg
달걀노른자(대란)	0.9mcg

보충제 섭취

비타민 D를 보충제로 섭취하는 일은 일반적이다. 대부분 비타민 D3를 400~2,000IU 함유하고 있다. 상한섭취량은 성인 기준 하루 100mcg(4,000IU)이다(20쪽과 151쪽에서 결핍에 대한 내용을 참고).

체내에서의 기능

비타민 D는 혈액에 들어 있는 칼슘과 인의 농도를 조절해 정상적인 뼈의 기능을 돕는 필수 영양소다. 활성화된 비타민 D는 장 흡수가 잘 되게 하고, 뼈의 성장과 뼈대 재형성에 필요한 칼슘과 인의 농도를 일정하게 유지한다.

많은 세포에는 비타민 D와 결합하는 비타민 D 수용체(VDR: Vitamin D Receptors)가 있다. 비타민 D는 면역 세포와 췌장에서 인슐린을 방출하는 세포를 조절하는 기능을 한다. 마지막으로, 비타민 D는 혈압 상승과 관련된 단백질인 레닌의 합성을 줄일 수 있다. 면역 강화, 혈당 조절, 적절한 혈압을 유지시키는 비타민 D의 잠재적인 기능에 대한 과학 연구가 관심을 받고 있다.

비타민 팁

여름철 햇빛을 많이 쬔다면, 여러분의 몸은 겨울 동안 사용할 비타민 D를 저장할 수 있다는 것을 알고 있는가? 그러나 대부분의 사람들이 실내에서 일하고, 햇빛에 과도하게 노출되면 피부암을 일으킬 수 있으므로, 일반적으로 충분한 양의 비타민 D를 저장할 수 없다.

곁가지 정보

북위 37도 이상의 지역에서는 11월부터 3월까지 적절한 양의 비타민 D를 생성할 만큼 햇빛의 양이 충분하지 않다.*

결핍

비타민 D의 혈중 농도가 부족한 것은 흔한 현상이며, 일부 연구에서는 미국 성인의 40% 이상이 부족하다고 추정한다.** 비타민 D의 상태와 결핍 유병률을 평가하는 최선의 방법은 여전히 논쟁 중이다.

다른 연구에 따르면 미국에서 1세 이상 인구의 18%가 비타민 D가 결핍될 위험이 있다. 전문가들은 일반적으로 혈중 농도가 30nmol/L 미만이면 결핍으로 보며, 30~49nmol/L는 충분하지 않은 상태로 본다. 비타민 D가 결핍된 경우, 보충제 섭취는 비타민 D 혈중 농도를 높일 수 있는 가장 좋은 방법이다. 그러나 햇빛 노출로 생성된 비타민 D는 독성이 없지만 보충제로는 독성이 나타날 수 있기 때문에 비타민 D의 선택과 혈중 농도 관리는 약사·의사와 상의해야 한다. 151쪽의 비타민 D에 대한 내용을 참고한다.

위험군

비타민 D 결핍의 위험이 있는 집단은 모유를 먹는 유아와 노년층이다. 인간의 모유는 비타민 D를 충분히 공급하지 못한다. 또 노화되면서 비타민 D 합성 능력을 잃는다. 햇빛 노출이 제한적이고, 피부가 어두우며, 지방 흡수 장애 문제가 있는 사람들도 위험군이 될 수 있다.

증세

비타민 D 결핍은 종종 뼈와 관련된 질병으로 나타난다. 비타민 D가 부족한 아이들은 뼈가 물러지고, 팔과 다리가 휘는 구루병에 걸릴 수 있다. 1930년대 이후 미국은 강화 우유를 보급해 구루병이 드물어졌지만, 아프리카, 중동, 아시아 지역에서는 구루병이 아직 보고되고 있다. 심각한 비타민 D 결핍이 있는 성인은 뼈가 약해지고 물러지는 골연화증이 나타날 수 있다.

* 한국은 북위 33도와 43도 사이에 있다.
** 질병관리청에 따르면 한국인의 90% 정도가 비타민 D 부족이라고 한다.

부엌에서
아침 식사용 달걀 요리

비타민 D를 고려해 아침 식사를 만들어보자. 버섯과 달걀 3개를 넣어 만든 오믈렛에 강화 오렌지 주스를 함께 곁들인다.

[비타민 E]

- 토코페롤 -

세포 수비대

충분섭취량

님싱과 어싱 ·············· 12mg
임신부 ····················· 12mg
수유부 ····················· 15mg

"E는 숫자 8을 의미하는 eight". 지용성 비타민 E에 관한 재미있는 사실들을 기억하는 방법이다. 비타민 E는 실제로 8종류의 화학 형태로 이뤄져 있지만, 체내에서 선호하는 형태는 알파-토코페롤이다.

토코페롤이란?

비타민 E 화합물은 자유 라디칼(free radical; 활성산소) 때문에 발생하는 산화 손상으로부터 세포를 보호하는 항산화제 역할을 한다. 체내에서 발생하는 산화에 의한 손상은 암, 심장병, 기타 만성질환을 일으킬 수 있다. 또한 자외선과 대기 오염으로 인한 활성산소에 노출되면 피부 세포도 손상되는데, 비타민 E와 같은 항산화제는 피부를 보호할 수 있다. 그러나 현재까지의 과학적 연구에서는 비타민 E를 보충제로 섭취하는 것이 질병, 피부 손상과 관련해 예방 효과가 있다는 것을 입증하지는 못한다. 급원식품을 통해 충분한 비타민 E를 섭취해 필요량을 얻는 것이 가장 좋은 방법인 듯하다.

급원식품

견과류, 씨앗류, 식물성 기름은 비타민 E의 좋은 공급원이다. 권장섭취량을 충족하려면 일주일의 며칠은 견과류나 씨앗류를 먹고, 요리와 샐러드 드레싱에 올리브 오일을 사용한다.

구운 해바라기 씨(약 28g)	7.4mg
구운 아몬드(약 28g)	6.8mg
밀 배아(1/4컵)	4.5mg
구운 헤이즐넛(약 28g)	4.3mg
올리브 오일(2큰술)	4mg
말린 망고(1컵)	4mg
삶은 근대(1컵)	3.2mg
깍둑썰기한 아보카도(1컵)	3mg
카놀라유(1큰술)	2.4mg
조리한 무지개 송어(약 85g)	2.4mg
생 블랙베리(1/2컵)	0.8mg

보충제 섭취

비타민 E 보충제는 거의 필요하지 않으며, 많은 양을 복용하면 출혈과 뇌졸중을 유발할 수 있다. 성인의 상한섭취량은 하루 1,000mg이지만* 일부 연구에서는 더 낮은 용량으로도 사망의 위험이 있을 수 있다고 밝혔다. 항응고제를 복용하는 경우, 비타민 E 보충제를 절대 섭취하면 안 된다.

＊ 한국인의 상한섭취량 기준은 540mg이다.

체내에서의 기능

비타민 E의 주요 기능은 항산화다. 비타민 E는 활성산소를 차단해 세포막을 보호하고, 저밀도지단백질(LDLs)에 의한 산화 손상을 방지한다. 산화된 저밀도지단백질은 심혈관 질환에 영향을 미치는 것으로 보기 때문에, 비타민 E가 심장 건강에 도움을 줄 수 있다.

일부 관찰연구에 따르면, 비타민 E 섭취와 심장병으로 인한 사망 위험률이 반비례한다고 한다. 그러나 연구 결과가 혼합되어 있으며 비타민 E 보충제가 심장 건강에 도움이 된다는 임상 연구는 거의 없어 더 많은 연구가 필요한 시점이다. 또한 비타민 E는 면역 기능을 증진시키며, 특히 나이가 들면서 감소하는 면역 반응을 향상시킬 수 있다.

결핍

비타민 E 결핍은 드물지만, 미숙아, 심각한 영양실조, 지방 흡수 장애, 크론병, 낭포성섬유증이 있는 사람들에게서 나타나기도 한다. 결핍 증세로는 근육 약화, 균형 문제, 망막 손상 등이 있다. 비타민 E가 질병을 예방하는 데 도움이 된다고 보지만, 비타민 E 부족이 만성질환에 걸릴 위험을 증가시키는지는 밝혀지지 않았다.

부족한 비타민 E는 일반적으로 급원식품을 통해 섭취한다. 일부 자료에 따르면, 미국 성인의 알파토코페롤의 하루 평균섭취량은 7.2mg으로 권장섭취량인 15mg의 절반 미만이다.

흡연자를 위한 주의사항

흡연자는 비흡연자에 비해 결핍될 가능성이 더 높다. 흡연이 비타민 E의 혈중 농도를 감소시키기 때문이다.

곁가지 정보

미국인의 90% 이상이 급원식품으로 충분한 비타민 E를 섭취하지 못하지만, 보충제는 권장사항이 아니다.

비타민 팁

비타민 E 보충제가 월경전 증후군, 생리와 관련된 통증을 줄이는 데 도움이 될 수 있다는 근거가 있다. 하지만 이를 위해 비타민 E를 섭취하려면 먼저 의사·약사와 상의하도록 한다.

부엌에서
견과류 스낵 믹스

구운 아몬드 1/4컵, 구운 해바라기 씨 1/4컵, 헤이즐넛 1/4컵, 다진 말린 망고 1컵을 섞으면 비타민 E가 풍부한 재미있는 스낵 믹스를 만들 수 있다. 이는 약 5인분 분량이다.

[비타민 K]

혈액 응고 비타민

충분섭취량

남성 ·················· 75mcg 임신부와 수유부 ······ 65mcg
여성 ·················· 65mcg

비타민 K는 덴마크어 "koagulaton"에서 유래했다. 덴마크어 "koagulaton"은 응고라는 뜻이다. 이 지용성 비타민은 적절하게 혈액이 응고되는 데 필요하다.

퀴논 인자

비타민 K는 필로퀴논(비타민 K1)과 메나퀴논(비타민 K2)을 포함하는, 공동 화학 구조를 공유하는 화합물 계열이다. 비타민 K1은 녹색 채소와 같은 식품에 함유되어 있으며, 비타민 K2는 일부 동물성 제품에 함유되어 있고, 인간의 장내 세균이 합성한다.

대부분의 성인은 식사를 통해 비타민 K를 충분히 섭취하며 이 영양소의 결핍은 매우 드물다. 그러나 쿠마딘(와파린)과 같은 항응고제를 복용하는 사람은 비타민 K 섭취 시 주의해야 한다. 이 약물을 복용하는 사람의 경우, 식품을 통해 일정하게 비타민 K를 섭취해 약물의 효과를 유지하는 것이 좋다.

급원식품

녹색잎 채소는 비타민 K1의 가장 좋은 공급원이다. 육류, 치즈, 동물성 식품, 낫또(발효한 콩)와 같은 발효 식품은 비타민 K2를 함유하고 있다. 일주일의 며칠은 케일이나 근대를 먹고, 파슬리를 뿌리거나, 저녁식사에 브로콜리를 올리면 필요한 비타민 K를 섭취할 수 있다.

낫또(약 85g)	850mcg
생 근대(1컵)	299mcg
생 파슬리(1/4컵)	246mcg
생 케일(1컵)	113mcg
삶아 다진 브로콜리(1/2컵)	110mcg
채 썬 아이스버그 양상추(1컵)	17mcg
생 캐슈넛(약 28g)	9.7mcg
갈아서 구운 쇠고기(약 85g)	6mcg
체다 치즈(약 42.5g)	4mcg

보충제 섭취

비타민 K는 빠르게 대사되어 몸에서 배설된다. 상한섭취량은 설정되어 있지 않으며, 다량으로 섭취해도 유해하다고 보지 않는다. 건강한 성인은 별도로 보충제를 섭취할 필요가 없다.

● 체내에서의 기능

비타민 K는 혈액이 적절하게 응고하는 데 필요하며, 비타민 K 의존성 카르복실화효소 보조인자로 작용한다. 이 효소는 응고 인자 II로 알려진 프로트롬빈 같은 혈액 응고 단백질의 생산에 관여한다.

뼈에 두 번째로 풍부한 단백질인 오스테오칼신은 다른 종류의 비타민 K 의존성 단백질이다. 오스테오칼신의 기능은 분명치 않지만, 골광화와 골격 발달에 중요한 역할을 한다고 본다. 결과적으로 비타민 K의 섭취량이 많을수록 골절 발생률이 낮아진다는 관찰 연구가 있다. 하지만 튼튼한 뼈를 만드는 비타민 K의 기능을 완전히 파악하려면 더 많은 연구가 필요하다.

또한 비타민 K는 동맥에 칼슘이 축적되는 것을 방지해 심장병 예방을 돕는다. 칼슘이 축적되면 죽상동맥경화증(지방 침착물의 축적)이 발생할 수 있고, 혈류의 흐름을 방해할 수 있다.

결핍

비타민 K 결핍증은 거의 나타나지 않지만, 지방 흡수 장애, 낭포성 섬유증, 셀리악병, 염증성 장질환이 있을 경우 나타날 수 있다. 심한 경우, 출혈이 나타날 수 있다.

신생아의 결핍

신생아의 경우, 결핍이 나타날 위험이 있으며, 생후 첫 주에 조기 비타민 K 결핍성 출혈(VKDB: Vitamin K Deficiency Bleeding), 또는 생후 2주에서 12주에 후기 비타민 K 결핍성 출혈이 나타날 수 있다. 비타민 K 결핍성 출혈은 피부, 코, 머리뼈 안에서 발생할 수 있다. 이를 예방하기 위해 출생 시 비타민 K1을 투여해야 한다.

곁가지 정보 비타민 K를 처음 발견한 후, 체내에서 비타민 K의 역할을 파악하기까지 40년 이상이 걸렸다.

비타민 팁

일부 허브와 향신료는 비타민을 풍부하게 함유하고 있다. 건조 세이지 한 스푼에는 비타민 K 34mcg가 들어 있으며, 이는 여성 충분섭취량의 반이 넘는 양이다.

부엌에서
크리스피 케일 칩

준비한 케일 한 묶음을 줄기 부분을 제거한 후,
잎 부분을 손으로 작게 찢는다. 잎의 물기를 닦
고, 올리브 오일 1작은술을 뿌려 잘 섞는다. 베이
킹 시트에 유산지를 깔고 올리브 오일에 버무린
케일 잎을 겹치지 않게 올린다. 소금으로 간을 하
고 약 150℃에서 25분간 굽는다. 10분 구운 후,
베이킹 시트의 방향을 돌려 마저 굽는다.

[비타민 B1]

- 티아민 -

첫번째 비타민 B

권장섭취량

남성(19~64세) ………… 1.2mg	여성(65~74세) ………… 1.0mg
남성(65세~) ………… 1.1mg	여성(75세~) ………… 0.8mg
여성(19~64세) ………… 1.1mg	임신부와 수유부 ……… 1.5mg

비타민 B 뒤에 붙는 숫자가 어떻게 정해졌는지 생각해본 적이 있는가? 티아민은 비타민 B군 중 처음으로 발견되어 B1이 되었다.

티아민이란?

1930년대에 발견된 티아민은 신체의 에너지 대사에 필수적인 수용성 비타민이다. 디아민의 주요 활성 유형으로는 티아민 피로인산염(TPP: Thiamin Pyrophosphate)로도 알려진 티아민 이인산염(TDP: Thiamin Diphosphate)이 있으며, 그 외 많은 유형이 있다. 티아민을 음식으로 섭취하면, 체내에서 흡수 가능한 형태의 티아민으로 전환된다. 티아민은 반감기가 짧기 때문에 음식을 통해 자주 섭취해야 한다. 우리 주변에는 티아민이 풍부한 식품이 많고, 일반적으로 소비되고 있어 쉽게 섭취할 수 있다.

급원식품

티아민은 곡물과 빵에 많이 첨가되며, 일부 고기와 생선에 자연적으로 함유되어 있다. 티아민 섭취량의 약 50%는 돼지고기 같은 식품으로, 나머지는 강화식품을 통해 섭취한다. 식품을 조리하거나 저온살균을 하면 티아민 함량이 감소된다. 아침 식사로 오트밀을 먹고, 점심이나 저녁에 콩을 먹는다면 필요량을 충분히 섭취할 수 있다.

삶은 포크찹(약 156g)	0.5mg
생 귀리(1컵)	0.4mg
삶은 검은콩(1/2컵)	0.4mg
익힌 렌틸콩(1컵)	0.3mg
익힌 강화 백미(1컵)	0.3mg
삶은 완두콩(1/2컵)	0.21mg
구워 깍둑썰기한 도토리 호박(1/2컵)	0.2mg
통밀빵(1조각)	0.1mg
물기 제거한 물 담금 참치 통조림(1컵)	0.06mg

보충제 섭취

결핍될 위험이 없다면 티아민 보충제를 복용하는 것은 권장하지 않는다. 티아민의 상한섭취량은 없으며 하루 최대 200mg을 섭취해도 부작용이 관찰되지 않았다.

🌀 체내에서의 기능

티아민의 주요 기능은 음식의 탄수화물, 단백질, 지방을 사용 가능한 에너지로 전환하는 것이다. 특히 티아민 이인산염은 포도당, 아미노산, 지방산의 대사를 조절하는 효소를 돕는다. 최근 연구에 따르면 티아민은 뇌 세포막의 구성 요소이며, 뇌의 처리 과정에서 어느 정도의 역할을 한다고 한다.

또한 일부 연구는 적절한 티아민 섭취가 당뇨병의 혈당 관리에 도움이 되며 알츠하이머 병의 발병을 늦출 수 있다고 한다. 만성질환의 발병과 관련해 티아민의 기능을 이해하려면 더 광범위한 연구가 필요하다.

결핍

티아민 결핍은 매우 드문 일이지만, 식품을 부족하게 섭취해 나타날 수 있다. 또한 질병, 약물, 알코올로 인한 흡수 저하, 필요량 증가, 과도한 티아민 손실로 인해 발생할 수 있다.

운동기능장애, 사지신경손상이 나타나는 소모성 질환인 각기병은 심각한 티아민 결핍 시 발생한다. 각기병으로 인한 울혈성 심부전을 유발할 수도 있다.

과음과 결핍

알코올은 티아민 흡수를 방해하기 때문에 지속적인 알코올 섭취는 티아민 결핍을 유발할 수 있다. 또한 과음을 하면 식단 관리가 어려워 티아민을 충분히 섭취하지 못할 가능성이 더 높다. 알코올로 인한 티아민 결핍은 베르니케뇌병변과 코르사코프 정신병을 유발할 수 있다. 결핍 상태를 치료하지 않고 방치할 경우, 비정상적인 안구운동, 균형 문제, 인지 장애, 심각한 기억상실이 나타날 수 있다.

곁가지 정보

티아민이 결핍되는 주요 원인 중 하나가 지속적이고 과도한 알코올 섭취다.

비타민 빅토리

티아민을 강화한 빵과 시리얼은 전 세계적으로 각기병을 줄여주고 있다.

부엌에서
B1 부스터

구운 포크찹과 도토리 호박을 포함한 식사 또는
밥과 검정콩으로 브리또 보울을 만들면 티아민
이 풍부한 식단을 구성할 수 있다.

[비타민 B2]

- 리보플라빈 -

효소의 조력자

권장섭취량

남성(19~64세)	1.5mg	여성(65~74세)	1.1mg
남성(65~74세)	1.4mg	여성(75세~)	1.0mg
남성(75세~)	1.3mg	임신부	1.6mg
여성(19~64세)	1.2mg	수유부	1.5mg

우유를 더 이상 유리 용기에 저장하지 않는 이유를 아는가? 그 이유는 비타민 B2로 알려진 리보플라빈과 관련이 있다.

리보플라빈이란?

자외선은 수용성 영양소를 비활성화할 수 있으므로, 우유의 리보플라빈을 보존하기 위해 우유 제조업체에서는 종이팩 또는 불투명 용기로 변경했다. 우유와 유제품은 최고의 리보플라빈 공급원이지만, 리보플라빈은 다양한 채소, 과일, 강화 곡물에도 함유되어 있다. 장내 박테리아는 섭취한 음식으로 리보플라빈을 생성할 수도 있고, 육류·동물성 제품보다 채식이 주가 된 식사 후에 더 많은 리보플라빈을 생성한다.

보충제 섭취

종합 비타민과 비타민 B 복합 보충제는 리보플라빈을 함유하고 있다. 다양한 식사를 하는 건강한 성인은 리보플라빈 보충제가 별도로 필요 없다. 리보플라빈의 상한섭취량은 없으며, 식품이나 보충제로 과도하게 섭취한 리보플라빈은 소변으로 배설된다.

급원식품

리보플라빈은 몇 가지의 형태로 존재하며 식이 리보플라빈의 90% 이상이 플라빈모노뉴클레오타이드(FMN: Flavin Mononucleotide) 또는 플라빈아데닌다이뉴클레오타이드(FAD: Flavin Adenine Dinucleotide)다. 두 가지 모두 생물학적으로 이용 가능하며, 체내에서 쉽게 흡수된다. 아침 식사로 요구르트 한 컵 또는 달걀 두 개 정도를 먹는 성인은 아몬드 한 줌을 간식으로 먹으면 하루 리보플라빈 필요량을 섭취할 수 있다.

물을 넣고 익힌 강화 오트밀(1컵)	1.1mg
무지방 플레인 요구르트(1컵)	0.6mg
2% 저지방 우유(1컵)	0.5mg
구운 쇠고기 스테이크(약 113g)	0.32mg
구운 아몬드(약 28g)	0.3mg
완숙 달걀(대란 1개)	0.26mg
익힌 퀴노아(1컵)	0.2mg
삶은 아스파라거스(8개)	0.17mg
구운 닭다리(약 85g)	0.16mg

체내에서의 기능

조효소 FMN와 FAD의 주요 성분인 리보플라빈은 체내의 에너지 생산, 대사, 세포 기능과 관련해 필수적인 영양소다. 특히 FAD는 에너지 생산의 핵심인 전자전달계를 지원한다.

리보플라빈 의존성 효소는 체내에서 항산화 방어에 중요한 역할을 한다. 예를 들어, 글루타티온 환원효소는 FAD가 필요하며, 활성산소와 산화 손상으로부터 세포를 보호한다.

일부에서는 리보플라빈이 편두통 치료에 도움이 된다고 한다. 소수의 무작위 대조실험에서 리보플라빈을 약물 치료에 사용하면 편두통의 빈도를 줄이는 데 도움이 된다는 것을 발견했다.

곁가지 정보
음식을 물에 넣고 삶으면, 물을 적게 사용하는 조리법보다 리보플라빈이 약 2배 더 손실된다.

결핍

리보플라빈 결핍은 매우 드물다. 그러나 육류나 유제품을 섭취하지 않는 일부 인구는 리보플라빈을 충분히 섭취하지 못할 수 있다.

채식주의자이거나 비건인 운동선수의 결핍

강렬한 운동은 리보플라빈을 사용하는 신체의 에너지 대사에 스트레스를 주기 때문에 채식주의자이거나 비건인 운동 선수는 리보플라빈이 결핍될 위험이 더 높을 수 있다.

임신부의 결핍

일부 연구에 따르면 리보플라빈 결핍은 임신 중 고혈압의 위험을 더욱 높이고, 출산에 나쁜 영향을 미친다고 한다. 그러므로 임신부는 리보플라빈이 풍부한 음식을 충분히 섭취해야 한다.

증세

리보플라빈 결핍 증세로는 입가에 병변이 생기는 구각염과 입술이 붓고 갈라지는 구순염이 있다. 동물성 식품을 섭취하지 않는 위험군은 강화 곡물, 아몬드, 시금치, 아스파라거스로 리보플라빈 섭취량을 늘려야 한다.

비타민 팁

아스파라거스의 리보플라빈 함량을 유지하려면, 물에 넣고 끓이거나 굽기보다 찌거나 재빨리 볶거나 튀기거나 전자레인지로 조리한다.

[비타민 B3]

- 니아신 -

권장섭취량

남성(19~64세) ········· 16mg NE		여성(65~74세) ········· 13mg NE	
남성(65~74세) ········· 14mg NE		여성(75세~) ············ 12mg NE	
남성(75세~) ············ 13mg NE		임신부 ················· 18mg NE	
여성(19~64세) ········· 14mg NE		수유부 ················· 17mg NE	

NE(Niacin Equivalents): 니아신 당량

니아신은 단순히 수용성 비타민 B 같지만, 몸 안에 있는 400개 이상의 효소에 필요한 영양소다.

니아신이란

니아신은 식품이나 보충제에서 발견되는 화합물이며, 조직에 의해 조효소 니코틴아미드 아데닌 디뉴클레오타이드(NAD: Nicotinamide Adenine Dinucleotide)로 전환된다.

NAD는 니아신의 활성 대사 형태이며, 다른 활성 조효소인 니코틴아미드 아데닌 디뉴클레오타이드 인산(NADP: Nicotin-amide Adenine Dinucleotide Phosphate)으로 전환될 수 있다. NAD와 NADP는 에너지 생산, 유전자 발현, DNA 복구, 항산화 기능을 돕는다.

니아신의 권장섭취량은 니아신 당량(NE)으로 표기되어 있다. 니아신과 간에서 NAD로 전환될 수 있는 아미노산 트립토판을 식품 내의 니아신 공급원으로 보기 때문이다. 대부분은 매일 식사로 니아신을 충분히 섭취한다.

급원식품

동물성 식품과 식물성 식품 모두 니아신을 함유하고 있다. 니아신 당량을 제공하는 트립토판이 풍부한 식품으로는 칠면조, 닭고기, 땅콩, 호박씨 등이 있다. 일주일 내내 닭고기, 칠면조, 연어 등의 다양한 단백질을 섭취하면 니아신을 충분히 섭취할 수 있다.

구운 닭가슴살(약 85g)	10.3mg
구운 칠면조 가슴살(약 85g)	10mg
익힌 홍연어(약 85g)	8.6mg
구운 포토벨로 버섯(1컵)	7.6mg
익힌 현미(1컵)	5.2mg
구운 땅콩(약 28g)	4.2mg
구운 러셋 감자(중간 크기 1개)	2.3mg
구운 호박씨(약 28g)	1.3mg
익힌 불구르*(1컵)	0.9mg
건포도(1/4컵)	0.3mg

✻ 불에 그슬려 건조시켜 빻은 밀

🌀 체내에서의 기능

조효소로서의 NAD와 NADP는 주로 전자전달반응에 관여한다. 즉, 탄수화물, 지방, 단백질, 알코올이 분해되면서 에너지를 생성하는 반응에 필요하다. 특히 NADP는 지방산과 콜레스테롤, 항산화 성분의 생성을 돕는다.

니코틴산으로도 알려져 있는 니아신은 혈중 콜레스테롤 수치를 낮추는 데 도움이 된다. 니코틴산이 정확히 어떻게 작용하는지는 확실하지 않지만, 고콜레스테롤혈증과 고중성지방혈증을 치료하기 위해 스타틴과 함께 사용된다. 니코틴산은 "좋은" 콜레스테롤로 보는 고밀도지질단백질(HDL: High-Density Lipoprotein) 콜레스테롤을 증가시킨다. 마지막으로 NAD는 신체의 DNA 복구에 꼭 필요하므로 니아신은 암예방에 영향을 미칠 수 있다. 일부 관찰 연구에서 니아신의 다른 형태인 니코틴아미드가 피부암의 전암성 병변이 발생하는 것을 줄이는 데 도움이 된다고 한다.

보충제 섭취

니아신은 비타민 B 복합 보충제 등의 다양한 보충제에 함유되어 있다. 고용량 섭취 시, 보기 좋지 않은 피부 홍조를 유발할 수 있다. 건강한 성인은 보충제가 필요 없지만, 일부 질병을 치료하는 데 사용할 수 있다.

결핍

대부분은 음식에서 니아신을 권장섭취량보다 더 많이 섭취하므로 결핍증은 드물다. 그러나 트립토판 흡수를 방해하는 심각한 영양실조 또는 유전 질환이 있는 경우, 결핍증이 나타날 수 있다.

심각한 니아신 결핍으로 인한 질병은 펠라그라이며, 혀가 지나치게 붉어지고 피부 홍반, 햇빛에 노출될 경우 갈색 색소침착, 소화 이상 등이 특징이다. 펠라그라가 심해지면, 환각, 권태, 무감각증이 나타나게 되고, 사망까지 이를 수 있다.

곁가지 정보 니코틴산과 니코틴아미드는 담배의 니코틴과 이름이 비슷하지만 전혀 관련이 없다.

진실 또는 거짓?

일부 영양소는 채소의 속보다 껍질과 껍질 바로 아랫부분에 더 많이 함유되어 있지만, 감자는 껍질유무와 상관없이 니아신이 비슷하게 들어 있다.

부엌에서
구운 칠면조 요리

구운 칠면조 가슴살과 구운 러셋 감자, 볶은 포토
벨로 버섯을 함께 곁들이면 니아신이 풍부한 건
강한 저녁 식사를 만들 수 있다.

[비타민 B5]

- 판토텐산 -

충분섭취량

남성과 여성	5mg	임신부	6mg
		수유부	7mg

대부분의 영양소의 이름에는 특별한 이유가 있다. 비타민 B5인 판토텐산은 "모든 곳"을 의미하는 그리스어 pantos에서 유래했다. 이는 다양한 식품에 함유되어 있다는 것을 의미한다.

판토텐산

판토텐산은 체내에서 여러 필수 기능을 돕는 수용성 영양소다. 음식을 사용 가능한 에너지로 전환하는 과정에 필요한 코엔자임 A(CoA) 생성에 필요하다.

판토텐산은 식사에 매우 광범위하게 들어 있기 때문에 이 비타민의 결핍은 현재 매우 드물다. 그러나 과거에 필리핀과 일본에서 영양실조에 걸린 제2차 세계대전 포로들이 발이 타는 듯한 느낌, 따끔거림, 저림 등의 판토텐산 결핍증세를 경험한 것으로 기록되어 있다. 이러한 증세는 비타민 B5를 보충하니 해결되었고, 과학자들은 이 영양소가 결핍되면 어떤 증세가 나타나는지 알게 되었다.

급원식품

다른 비타민 B와 마찬가지로 판토텐산은 동물성 식품과 식물성 식품에 들어 있다. 아침 식사용 시리얼을 포함해 기타 식품에도 판토텐산을 첨가할 수 있다. 해바라기 씨 1/2컵만으로도 하루에 필요한 판토텐산을 충분히 섭취할 수 있다. 아보카도, 고구마, 브로콜리, 닭고기, 달걀을 골고루 먹는 것도 필요량을 섭취하는 좋은 방법이다.

익힌 쇠고기 간(약 85g)	5.6mg
생 해바라기씨(1/4컵)	2.4mg
구운 닭가슴살(약 85g)	1.3mg
슬라이스한 아보카도(1/2개)	1mg
껍질째 익힌 고구마(1/2컵)	1mg
2% 저지방 우유(1컵)	0.9mg
완숙 달걀(대란 1개)	0.7mg
삶은 브로콜리(1/2컵)	0.5mg
체다 치즈(약 42.5g)	0.2mg

보충제 섭취

일반 식품에 자연적으로 존재하는 판토텐산이 풍부하게 들어 있기 때문에 보충제를 섭취할 필요가 없다.

● 체내에서의 기능

판토텐산의 주요 기능은 코엔자임 A의 합성을 돕는 것이다. 코엔자임 A의 유도체는 지방, 탄수화물, 단백질을 분해해 에너지와 지방산을 생성하는 데 필요하다. 또한 수면-각성 주기를 조절하는 호르몬인 멜라토닌 생성에 관여한다.

판토텐산은 트리글리세리드 같은 혈중 지질의 합성에 영향을 줄 수 있다. 어느 임상 실험에서 판토텐산의 한 형태인 판테틴이 지질의 수치를 감소시키는 치료 용량을 분석했다. 그 결과 판테틴 보충제는 트리글리세리드, 콜레스테롤, "나쁜" LDL(저밀도 지단백) 콜레스테롤을 감소시키고 "좋은" HDL(고밀도 지단백) 콜레스테롤은 증가시키는 것으로 나타났다. 혈중 지질 수치의 개선은 심장 질환이 발병할 위험성을 감소시킨다. 판테틴의 초기 연구는 매우 긍정적이지만, 심장 건강과 관련해 비타민 B의 기능을 파악하기 위해서 더 많은 연구가 필요하다.

결핍

판토텐산 결핍은 심각한 영양실조가 아니라면 거의 없다. 대부분의 결핍이 있는 경우는 다른 영양소도 부족해. 판토텐산 하나만 결핍되어 나타나는 특징인지 구별하기 어렵다. 그러나 제2차 세계대전에서 판토텐산이 결핍되었던 포로의 징후와 증세를 살펴보면 손과 발의 마비와 화끈거림, 초조, 과민이 나타난다.

곁가지 정보

간은 여러 약물과 독소 대사를 위해 비타민 B5에서 합성된 코엔자임 A가 필요하다.

비타민 팁

가공과정을 최소화한 신선한 식품으로 판토텐산을 섭취하는 것이 가장 좋다. 식품을 가공하는 과정 중에 동물성 식품과 식물성 식품의 판토텐산 함량이 20~80%까지 감소하기 때문이다.

부엌에서
점심 식사용 고구마

구운 고구마에 아보카도와 해바라기 씨를 얹으면
비타민 B5가 풍부한 맛있는 식사가 된다.

[비타민 B6]

- 피리독신 -

단백질 생성자

권장섭취량

남성	1.5mg	임신부와 수유부	2.2mg
여성	1.4mg		

질문: 심장병, 월경전 증후군(PMS), 입덧의 공통점은?
답변: 비타민 B6는 심장병과 월경전 증후군을 관리하는 데 도움이 될 수 있다.

피리독신이란?

피리독신은 수용성 영양소이며 체내에서 유사한 활동을 하는 6개의 화합물 그룹이다. 비타민 B6의 활성 형태는 피리독살 인산(PLP: Pyridoxal 5' Phosphate)과 피리독사민 인산(PMP: Pyridoxamine 5' Phosphate)으로, 단백질 대사와 적혈구 생성 등 신체의 100가지 이상의 대사에 관여하는 조효소다.

중요한 기능을 많이 하므로, 식사를 통해 비타민 B6를 충분히 섭취해야 한다. 다행히 B6는 음식에 풍부하게 함유되어 있어서 대부분의 성인에게 문제되지 않는다.

급원식품

비타민 B6는 육류와 생선, 콩, 강화 시리얼에 함유되어 있다. 칠면조와 구운 감자는 비타민 B6 권장섭취량이 충분히 들어 있으며, 병아리콩 통조림 한 컵만으로도 필요한 양을 거의 100% 섭취할 수 있다.

강화 시리얼(1컵)	0.5~2.5mg
병아리콩 통조림(1컵)	1.1mg
밀기울(1컵)	0.8mg
껍질째 구운 러셋 감자(중간 크기 1개)	0.7mg
익힌 칠면조 흰살 부분(약 85g)	0.6mg
익힌 홍연어(약 85g)	0.6mg
바나나(중간 크기 1개)	0.4mg
말린 자두(1컵)	0.36mg
1% 저지방 코티지 치즈(1컵)	0.2mg
구운 헤이즐넛(약 28g)	0.18mg

보충제 섭취

비타민 B6를 과잉 섭취하면 손과 발에 통증과 무감각 증세가 나타날 수 있다. 특정 조건에서 보충제 섭취를 권장할 수 있지만, 주의해 복용해야 한다. 성인의 상한섭취량은 하루 100mg이다.

체내에서의 기능

피리독신의 조효소 중 하나인 PLP는 포도당 형태의 아미노산에서 에너지를 생성하는 것으로 알려져 있다. 하지만 PLP의 기능은 이뿐만이 아니다.

뇌에서 PLP에 의존하는 효소는 기분을 조절하는 두 가지 신경 전달 물질인 세로토닌과 도파민을 생성한다. 또한 PLP는 체내에서 산소를 운반하는 적혈구의 주요 단백질인 헤모글로빈의 생성을 돕는다. 호모시스테인은 혈중 수치가 높으면 심장 질환이 발생할 위험이 증가되는 단백질인데, 비타민 B6는 이 수치를 낮추는 데도 도움이 된다고 한다.

비타민 B6는 질병 예방·관리와 관련된 영양소로 관심을 받았다. 1940년대부터 비타민 B6 보충제는 입덧을 치료하기 위해 사용되었으며, 일부의 자료에 따르면 월경전 증후군도 개선할 수 있음을 시사한다.

결핍

비타민 B6 결핍은 흔하지는 않지만, 소적혈구성 빈혈, 면역 약화, 혀가 붓거나, 입가가 갈라지는 결핍 증세가 있다. 신장 질환 말기이거나 신장 기능 손상, 류마티스 관절염, 크론병, 궤양성 대장염, 셀리악병, 영양 흡수 장애가 있는 사람들은 비타민 B6이 결핍될 위험이 있다.

곁가지 정보

새로운 연구에 따르면 체내의 비타민 B6의 수치가 우울증과 관련이 있다고 한다. 그러나 확실한 인과관계를 밝히기 위해서는 더 많은 연구가 필요하다.

비타민 팁

수용성 영양소인 비타민 B는 소변으로 배설되지만, 보충제로 과다 복용하면 부작용이 나타날 수 있다. 음식에 자연적으로 적당하게 포함되어 있는 비타민 B 섭취로 인한 부작용은 없다.

부엌에서
B6 아침 식사

바나나와 블루베리를 얹은 홈메이드 밀기울 팬
케이크와 우유 한잔으로 하루를 시작해보자.

[비타민 B9]

- 엽산 -

나뭇잎 비타민

권장섭취량

남성과 여성	····· 400mcg DFE	임신부	········· 620mcg DFE
		수유부	········· 550mcg DFE

DFE(Dietary Folate Equivalents): 식이 엽산 당량

산모용 비타민을 섭취한 적이 있다면, 엽산이 건강한 임신을 위해 얼마나 중요한지 알고 있을 것이다.

엽산

비타민 B9라고도 하는 엽산(folate, folic acid)은 신경계와 태아의 척수 발달에 중요한 수용성 영양소다.

또한 엽산은 아미노산 대사에 관여하는 등 인간의 생애 동안 중요한 기능을 하며, 비타민 B6와 B12와 함께 혈액 내 호모시스테인 수치를 조절한다.

이름에서 알 수 있듯이 식사에 적용하기 좋은 엽산 급원식품은 "식물의 잎"으로 녹색잎 채소다. 보충제나 강화식품에는 합성된 엽산인 폴린산 형태를 사용한다. 엽산의 권장섭취량은 자연 형태의 엽산(folate)과 합성 형태의 엽산(folic acid)을 구분하기 위해 식이 엽산 당량(DFE)으로 표기한다. 화학 구조의 차이 때문에 합성 형태의 엽산은 자연 형태의 엽산보다 생물학적 이용률이 더 높다.

급원식품

엽산은 녹색잎, 콩류, 채소 등에 들어 있다. 또한 강화 시리얼과 강화 파스타에도 포함되어 있다. 필요에 따라 식단에 강화 곡물, 시금치, 렌틸콩 등의 콩을 포함하도록 한다.

익힌 렌틸콩(1/2컵)	179mcg
삶은 아스파라거스(8개)	178mcg
익힌 강화 흰쌀(1컵)	153mcg
검은콩 통조림(1컵)	146mcg
삶은 시금치(1/2컵)	131mcg
익힌 스파게티(1/2컵)	74mcg
아보카도 슬라이스(1/2컵)	59mcg
삶은 겨자잎(1/2컵)	52mcg
강낭콩 통조림(1/2컵)	46mcg
토마토 주스(3/4컵)	36mcg

보충제 섭취

합성된 엽산(folic acid)은 종합 비타민, 비타민 B 복합 보충제. 임신부용 비타민에 사용할 수 있는 가장 일반적인 엽산 형태다. 대부분의 성인은 식사로 충분한 엽산을 섭취한다. 엽산의 상한섭취량은 하루 1,000mcg다.

체내에서의 기능

엽산은 세포 분열을 조절하는 조효소의 일부를 형성한다. 그래서 태아와 모체의 조직에서 빠르게 세포 증식이 일어나는 임신기에 엽산이 많이 필요하다.

엽산은 호모시스테인의 혈중 농도를 조절하므로 엽산이 부족하면 심장 질환에 영향을 미칠 수 있다. 48쪽에서 언급한 것처럼 혈액 내의 호모시스테인은 수치가 상승하면 심장질환이 발생할 위험을 증가시킬 수 있는 단백질이다. 비타민 B6와 B12도 호모시스테인을 조절하는 역할을 한다. 그러나 연구에 따르면 다른 비타민이 결핍되지 않았을 때 엽산 섭취량이 늘어나면 호모시스테인 수치가 감소하는 데 큰 영향을 미친다. 엽산이 심장질환이 발생할 위험을 감소시키는지는 좀 더 연구가 필요하다.

엽산은 DNA와 RNA 메틸화 또는 DNA와 RNA의 활성과 유전자 발현의 변화를 주기 위해 메틸기가 추가되는 과정에 필요하다. DNA 메틸화는 암을 발병시킬 수 있는 손상을 야기할 수 있다. 일부 관찰 연구에서 엽산 결핍이 일부 암과 관련이 있을 수 있다고 하지만, 더 많은 연구가 필요하다.

결핍

다른 비타민 B와 같이 엽산 결핍은 단독으로 거의 발생하지 않으며 일반적으로 다른 결핍과 함께 발생한다. 잘못된 식사, 과도한 알코올 섭취, 영양소 흡수 장애로 인해 엽산과 기타 영양소의 결핍이 나타날 수 있다. 결핍 증세는 피부, 모발, 손톱 색소의 변화, 혓바늘, 혈중 호모시스테인 수치 상승 등이 있다.

임신 중 주의사항

임신 중 엽산을 충분히 섭취하지 못하면 영아의 신경관 결손을 일으킬 위험이 있다. 임신 중에는 엽산 필요량이 증가하므로, 음식과 보충제로 엽산을 충분히 섭취해야 한다.

거대적혈모구빈혈

엽산이 결핍되면 크고 비정상적인 적혈구 형성으로 인해 거대적혈모구빈혈이 일어난다. 증세로는 피로, 심계항진증, 과민, 호흡 곤란 등이 나타난다. 엽산 보충제를 섭취하면 이 증세들은 회복되지만, 거대적혈모구빈혈은 비타민 B12 결핍으로도 발생할 수 있다. 비타민을 올바르게 섭취하려면 거대적혈모구빈혈의 원인을 제대로 파악해야 한다 (56쪽 참고).

곁가지 정보

1941년 과학자들이 시금치에서 엽산을 분리시켰으며, 이름은 라틴어로 잎을 의미하는 "folium"이라는 단어에서 유래되었다.

비타민 팁

식사에 채소를 많이 추가해 엽산을 더 많이 섭취하도록 한다. 아침에 시금치와 아보카도 스무디, 점심에 렌틸콩 샐러드, 저녁에 아스파라거스를 곁들인다.

부엌에서
과일향 듬뿍 그린 스무디

생 시금치 2컵, 아보카도 1/2개, 냉동 망고 1컵,
약간의 라임 주스, 적당량의 물로 엽산이 풍부한
스무디를 만들 수 있다.

[비타민 B12]

- 코발라민 -

신경계의 수비대

권장섭취량

남성과 여성	2.4mcg*	임신부	2.6mcg
		수유부	2.8mcg

* 성인의 권장섭취량은 2.4mcg이지만, 일부 전문가들은 비타민 B12 흡수가 나이가 들수록 감소할 수 있으므로 51세 이상의 성인은 더 많은 양을 섭취할 것을 권장한다. - 지은이

수용성 비타민 B12는 1849년에 발견되었다. 애디슨 병을 발견한 것으로 알려진 토마스 애디슨 박사가 환자들에게서 끔찍한 종류의 빈혈을 목격하기 시작한 때다.

역사적 발견

1872년 앙투안 비메르 박사는 사망에도 이르는 빈혈을 "악성 빈혈"이라고 정의했다. 결과적으로 환자에게 많은 양의 간을 섭취하게 하는 실험으로 노벨상을 수상했고, B12 결핍으로 인한 빈혈을 쉽게 치료하게 되었으며 덕분에 빈혈은 더 이상 치명적이지 않은 질병이 되었다.

비타민 B12의 흥미로운 역사에서 이 영양소의 기능을 유추할 수 있다. 비타민 B12라는 용어는 체내에서 유사한 활동을 하고 신경 기능과 적혈구 생성의 기능을 하는 여러 화화물을 의미한다. 무기질 코발트를 함유하고 있어 비타민 B12는 코발라민이라고도 한다. 간을 이용한 역사적 실험에서 알 수 있듯이 비타민 B12는 동물성 식품에 포함되어 있지만 식물성 식품에는 포함되어 있지 않다. 비타민 B12 결핍은 비건과 채식주의자뿐 아니라, 노인과 영양소 흡수에 제한이 있는 사람들에게 나타날 수 있다.

급원식품

비타민 B12는 생물학적으로 이용 가능한 형태로 여러 강화식품에 첨가되며 식품의 단백질과 결합한다. 훈제 연어 약 85g에는 비타민 B12의 하루 권장섭취량 이상이 들어 있다.

익힌 조개(약 85g)	84mcg
익힌 쇠고기 간(약 85g)	71mcg
훈제 연어(약 85g)	2.8mcg
권장섭취량 100% 강화 영양 효모(1인분)	2.4mcg
탈지유(1컵)	0.9mcg
구운 칠면조(약 85g)	0.8mcg
권장섭취량 25% 강화 시리얼(1인분)	0.6mcg
수란(대란 1개)	0.4mcg

보충제 섭취

대부분의 성인은 식사로 충분한 비타민 B12를 섭취한다. 하지만 체내에서 활성 형태의 B12로 전환되는 시아노코발라민은 보통 보충제에 포함되어 있다. 동물성 식품을 피하는 비건을 위한 보충제가 있으며, 흡수에 문제가 있는 사람들을 위한 주사와 패치도 있다. 고용량을 섭취해도 독성이 없다고 보므로 상한섭취량이 없다.

● 체내에서의 기능

비타민 B12는 신경 기능, 호모시스테인의 대사, DNA 합성, 적혈구 생성에 중요한 작용을 한다. 특히 수초라고 하는 신경계와 뇌세포 주변의 보호막을 보호하는 데 도움이 된다. 알츠하이머병과 비타민 B12의 보호막 보호 기능을 연관지어 생각하기도 한다. 일부 연구에서 비타민 B12 결핍이 알츠하이머병과 관련이 있다고 보지만, 연관성을 입증하기 위해서는 더 많은 연구가 필요하다.

코발라민은 체내에서 산소를 운반하는 적혈구의 단백질인 헤모글로빈을 생성하는 데 관여하는 효소의 보조인자다. 또한 DNA와 RNA 메틸화 역할을 하는 효소가 적절하게 작용하기 위해서 필요하다. 코발라민은 엽산과 비타민 B6와 함께 혈중 호모시스테인 수치를 조절하고, 심장 질환과 관련된 단백질인 호모시스테인의 축적을 예방한다.

결핍

비타민 B12 결핍의 가장 일반적인 원인은 부족한 섭취보다는 흡수 장애다. 비타민 B12를 흡수하기 위해서는 위에서 분비되는 단백질인 내재성인자가 필요하다. 그래서 악성 빈혈은 자가면역질환이나 위의 일부를 절제하는 수술로 인해 발생할 수 있다. 내재성인자의 생성을 억제하면 비타민 B12 결핍과 거대적혈모구빈혈을 유발할 수 있다.

위험 집단

셀리악병과 크론병 등으로 소화 장애가 있는 사람들은 비타민 B12 결핍이 나타날 위험이 더 높다. 또한 노인은 위염과 위염증으로 인해 비타민 B12 흡수가 안 될 가능성이 더 높아 결핍 증세가 쉽게 나타난다.

결핍 증세

비타민 B12 결핍의 증세로는 피로와 과민이 나타나는 거대적혈모구빈혈, 손발 저림 같은 신경학적 변화, 착란상태, 우울증, 기억력 저하가 있다. 흡수에 문제가 있는 사람들에게는 고용량 경구 보충제 또는 비타민 B12 근육 주사로 결핍을 치료한다.

곁가지 정보

비타민 B12는 최대 5년까지 체내에 저장되므로, 충분히 섭취하지 않더라도 결핍 증세가 쉽게 나타나지 않는다.

비타민 팁

비건들이 비타민 B12 섭취를 늘리는 방법에는 기름없이 튀긴 팝콘에 소금과 치즈 맛이 나는 노란색 비활성화 효소인 강화 영양 효소를 함께 섞어 섭취하는 방법도 있다.

[비오틴]

아름다움을 위한
비타민

충분섭취량

남성과 여성	30mcg	임신부	30mcg
		수유부	35mcg

미용 제품에서 종종 비오틴을 윤기나는 모발, 건강한 손톱, 빛나는 피부의 핵심 요소로 묘사한다. 그래서 비오틴의 이점은 익히 들어 잘 알지만, 비오틴의 숨겨진 이야기는 잘 모를 것이다.

비오틴이란?

생쥐에게 날달걀환자 단백질을 먹이는 실험에서 탈모와 피부 염증이 발생했고, 인간에게 수용성 비타민 B인 비오틴이 필요하다는 사실이 처음 밝혀졌다. 날달걀환자에는 비오틴과 결합하는 단백질이 있어 비오틴의 흡수를 방해하기 때문에 비오틴의 결핍을 초래한다. 또한 비오틴은 유전자 발현과 지방, 탄수화물, 단백질 대사와 에너지 생성에 중요한 역할을 한다.

급원식품

비오틴은 다양한 식품에 포함되어 있다. 날달걀흰자를 많이 먹으면 비오틴의 흡수를 방해하지만, 삶은 달걀은 비오틴의 좋은 공급원으로 흡수에 영향을 미치지 않는다. 달걀 3개로 만든 오믈렛을 먹으면 하루 필요량을 충분히 섭취할 수 있다. 달걀을 먹지 않는 날에는 식물성 비오틴 식품을 섭취하도록 한다.

익힌 달걀(대란 1개)	10mcg
깍둑썰기한 아보카도(1개)	2~6mcg
볶은 땅콩(약 28g)	5mcg
익힌 포크찹(약 85g)	3.8mcg
익힌 햄버거 패티(약 85g)	3.8mcg
익힌 고구마(1/2컵)	2.4mcg
생 산딸기(1컵)	0.2~2mcg
볶은 아몬드(1/4컵)	1.5mcg
삶은 시금치(1/2컵)	0.4mcg

보충제 섭취

다양한 음식을 섭취하는 건강한 성인은 비오틴 보충제가 별도로 필요하지 않다. 현재 비오틴 보충제가 모발, 피부, 손톱 건강에 도움이 된다는 근거가 될 만한 연구는 아주 적다.

💧 체내에서의 기능

비오틴의 주요 기능은 지방산, 포도당, 아미노산 등의 식품 성분의 대사를 조절하는 효소인 5가지 카르복실라제의 보조인자로서의 작용이다. 즉, 비오틴은 음식을 사용 가능한 에너지로 전환하는 역할을 한다.

또한 비오틴이 건강 증진, 질병 예방에 도움이 될 수 있지만 전반적인 건강에 미치는 역할은 명확하지 않다. 비오틴이 결핍되었을 때 증세는 건강한 피부, 모발, 손톱과 비오틴이 관련이 있는 것처럼 보인다. 그러나 비오틴 보충제가 손톱이 잘 부러지거나 손톱이 얇은 사람들의 손톱을 두껍게 한다는 것을 입증할 만한 근거 자료는 소수의 연구뿐이다. 건강한 피부와 모발에 미치는 비오틴의 영향에 대한 연구는 거의 없다.

또 다른 관심 분야는 다발성 경화증(MS: Multiple Sclerosis) 환자의 운동 기능 장애를 개선을 위해 비오틴 보충제를 사용하는 것이다. 예비 연구의 긍정적인 결과로 다발성 경화증 치료에서 비오틴의 잠재적인 역할을 평가하는 실험은 지속적으로 이어지고 있다.

결핍

다양한 음식을 섭취하면 비오틴이 결핍될 가능성은 매우 낮다. 그러나 알코올 중독이 있는 경우는 비오틴이 제대로 흡수되지 않을 수 있다. 또한 비오틴 수치는 수유 중에 감소하기 때문에 임신부와 수유부는 비오틴의 섭취량을 늘려야 한다.

곁가지 정보
경구 보충제는 200mg까지, 정맥 주사용 보충제는 50mg까지 사용한 경우, 보고된 독성 사례가 없다.

비타민 팁

수유기의 여성은 하루에 비오틴 5mcg가 추가로 필요하며, 식품으로는 삶은 고구마 한 컵에 해당한다.

부엌에서
비오틴 부스터

구운 고구마 한 그릇을 접시에 담고 그 위에 아보
카도, 시금치, 달걀 프라이를 얹었다.

[콜린]*

간의 수호자

충분섭취량

남성	550mg	임신부	450mg
여성	425mg	수유부	550mg

콜린은 식사로 반드시 섭취해야 하는 필수 유사 비타민 영양소지만 엄밀히 따지면 비타민은 아니다.

콜린이란?

지질 대사와 메틸화 반응과 같은 콜린의 기능이 비타민 B의 기능과 비슷해 비타민 B와 함께 영양학적으로 논의되기도 한다.

　원래 체내에서 많은 기능을 지원할 정도의 충분한 양을 합성할 수 있다고 여겼으나, 결국 과학자들은 체내에서 충분한 양을 합성하지 않는다는 것을 발견했다. 뇌 발달, 치매, 심장과 간 건강 등 콜린이 건강에 미치는 영향에 대한 연구가 계속 진행되고 있다. 콜린은 필요량이 늘어나는 임신과 관련해 종종 논의되는 영양소다.

보충제 섭취

연구에 따르면 대부분의 사람들은 식사로 콜린을 충분히 섭취하지 않지만 결핍은 잘 나타나지 않는다. 특별한 이유가 없다면 콜린 보충제 섭취는 권장하지 않는다.

급원식품

콜린은 체내에서 생성될 수 있지만, 건강을 유지하기에 충분한 양은 아니다. 특히 임신 중에는 식품으로 적절한 콜린을 섭취하는 것이 중요하다. 아래 목록의 식품을 식사에 포함시키면 필요량을 쉽게 충족시킬 수 있다.

삶은 달걀(대란 1개)	147mg
볶은 콩(1/2컵)	107mg
구운 닭가슴살(약 85g)	72mg
기름기 적은 부위를 다져 구운 쇠고기(약 85g)	
	72mg
익힌 대구(약 85g)	71mg
강낭콩 통조림(1/2컵)	45mg
1% 저지방 우유(1컵)	43mg
삶은 방울 양배추(1/2컵)	32mg
익힌 표고버섯(1/2컵)	27mg
삶은 양배추(1/2컵)	15mg
깐 귤(1/2컵)	10mg

* <2020 한국인 영양소 섭취기준>에서는 콜린에 대한 체계적 문헌고찰을 실시해 검토했으나, 섭취기준을 제정하기에는 과학적 근거가 부족하다고 판단해 대상 영양소에서 제외되었다. 위의 충분섭취량은 미국 기준(원서에 따름)으로 작성된 것이다.

⬤ 체내에서의 기능

인지질은 모든 세포막의 구조를 형성하고 신경 세포를 보호하는 수초의 합성에 관여하는데, 콜린은 이 인지질 생성에 필요하다. 이름에서 유추할 수 있듯이, 신경전달물질인 아세틸콜린도 콜린으로 만들어진다. 아세틸콜린은 근육 조절과 기억력에 관여한다.

콜린은 간에서 지방과 콜레스테롤을 운반하는 매개체를 만드는 데 필요하기 때문에 콜린 결핍은 비알코올성 지방간 질환(NAFLD: Nonalcoholic Fatty Liver Disease), 간 손상과 관련이 있다. 여러 연구에 따르면 콜린을 적절하게 섭취하면, 비알코올성 지방간 질환을 예방하는 데 중요한 기능을 한다고 한다.
  또한 콜린은 호모시스테인의 메틸화 과정에서 메틸기의 공여체로 작용한다. 이 과정은 52쪽과 56쪽에 설명되어 있다. 또한 신장에서 물이 재흡수되도록 한다.

결핍

콜린 결핍은 드물지만 비알코올성 지방간 질환뿐 아니라 근육과 간 손상을 유발할 수 있다. 콜린 섭취가 부족한 것은 매우 일반적이다. 임신부의 90~95%가 콜린을 충분히 섭취하지 않는 것으로 추정되며, 대부분의 임신부용 보충제에는 콜린이 포함되어 있지 않다. 일부 연구는 임신 중 낮은 콜린 수치는 영아의 신경관 결손 위험을 증가시킬 수 있다고 하지만, 다른 연구에서는 상반된 결과가 나왔다. 마지막으로 총 비경구적 영양(TPN: Total Parenteral Nutrition)을 공급받는 환자는 콜린이 결핍될 위험이 증가한다.

곁가지 정보

콜린은 1862년에 발견되었지만, 135년이 지난 1998년까지 필수 영양소로 보지 않았다.

비타민 팁

보충제나 식품으로 콜린을 너무 많이 섭취하면 몸에서 비린내가 나거나 저혈압이 나타날 수 있다. 성인의 콜린 상한섭취량은 하루 3,500mg이다.

부엌에서
방울 양배추 반찬

닭고기에 다진 땅콩과 빵가루를 묻혀 튀긴다. 방
울 양배추 한 스푼과 볶은 버섯을 함께 곁들이면
콜린을 충분히 섭취할 수 있다.

[비타민 C]

- 아스코르브산 -

강력한 항산화제

권장섭취량*

님싱과 어싱	100mg	임신부	110mg
		수유부	140mg

* 흡연자는 비흡연자보다 35mg 더 섭취 - 지은이

비타민 C는 면역력과 거의 동일시되고 있지만, 다른 많은 기능이 있다.

아스코르브산이란?

L-아스코르브산이라고도 하는 수용성 영양소는 특정 만성 질환을 예방할 수 있는 강력한 항산화제다. 체내에서 가장 풍부한 섬유질 단백질은 콜라겐 생성에 필요하며, 비헴철의 흡수를 돕는다(113쪽 참고).

비타민 C는 많은 식품에 존재하지만, 장기간 보관하거나 조리하면 감소할 수 있다. 일반적으로 신선한 과일과 채소는 조리된 과일과 채소보다 더 많은 비타민 C가 들어 있다.

보충제 섭취

소수 자료에 따르면 비타민 C 보충제는 감기로 앓는 기간을 줄여준다고 한다. 하지만 애초에 감기를 예방하지는 못한다. 독성으로 보지는 않지만 고용량을 섭취할 경우 설사를 유발할 수 있다. 하루 상한섭취량은 2,000mg이다.

급원식품

보통 오렌지를 최고의 비타민 C 공급원으로 생각하지만, 여러 과일과 채소에 비타민 C가 포함되어 있다. 중간 크기의 키위와 오렌지는 거의 같은 양의 비타민 C가 포함되어 있다. 키위와 오렌지를 하나씩 먹으면 비타민 C를 권장섭취량만큼 섭취할 수 있고, 빨간 피망 1/2컵으로도 충분하다.

생 빨간 피망(1/2컵)	95mg
오렌지(중간 크기 1개)	70mg
키위(중간 크기1개)	64mg
익힌 브로콜리(1/2컵)	51mg
딸기 슬라이스(1/2컵)	49mg
익힌 방울 양배추(1/2컵)	48mg
자몽(중간 크기의 1/2개)	39mg
토마토 주스(3/4컵)	33mg
멜론(1/2컵)	29mg
생 콜리플라워(1/2컵)	26mg
으깬 유콘 골드 감자(2/3컵)	21mg

체내에서의 기능

비타민 C는 면역 체계에서 중요한 역할을 한다. 항산화제 기능, 면역 세포의 활성산소 손상을 예방할 뿐 아니라 백혈구 생성을 향상시킨다. 비타민 C가 면역 체계를 위해 필요한 것은 분명한 사실이지만, 비타민 C를 "면역 부스터"라고 하는 것은 다소 무리가 있다.

현재 연구는 비타민 C가 기본 기능 외 일반인의 면역 체계를 실제로 강화하는지에 대해서는 상반된 결과를 보여준다. 비타민 C는 극단적인 운동을 하거나 스트레스 또는 추운 환경에 노출되어 있는 사람의 면역력을 높이고 질병에 걸릴 위험을 줄일 수 있지만 더 많은 연구가 필요하다.

비타민 C는 결합 조직을 구성하고 상처 회복을 돕는 콜라겐 생성에 필요하다. 마지막으로 항산화제 역할을 하는 비타민 C는 심장 질환, 암, 산화스트레스와 관련된 상태를 예방하는 데 도움이 될 것이라 본다. 암의 진행을 늦추기 위해 암환자에게 비타민 C를 정맥주사로 놓기도 한다. 일부 연구에서는 이러한 치료법이 삶의 질을 향상시킨다고 보지만, 주사로 놓는 비타민 C가 어느 수준으로 암이나 모든 질병에 영향을 미치는지는 불분명하다.

결핍

비타민 C 결핍은 괴혈병으로 나타난다. 증세는 상처가 잘 회복되지 않고 관절에 통증이 있으며 잇몸이 붓고 출혈이 생긴다. 괴혈병은 매우 드물지만 일부는 비타민 C를 충분히 섭취하지 못할 수도 있는데, 산화스트레스 때문에 더 많은 비타민 C가 필요한 흡연자와 과일과 채소를 거의 섭취하지 않는 사람들을 예로 들 수 있다.

곁가지 정보

1700년대 영국 해군 외과의사 제임스 린드는 괴혈병을 치료하기 위해 감귤류를 사용했다. 1932년이 되어서야 비타민 C의 기능이 밝혀졌다.

비타민 팁

비타민 C는 수용성이며 열에 파괴된다. 그러므로 비타민 C가 함유된 식품은 생으로 먹거나, 장시간 고열로 조리하는 것보다 찌거나 전자레인지로 조리하는 것이 좋다.

PART 2
무기질

각 무기질은 체내에서 각자의 역할이 있으며 일반적으로 건강에 필요한 양에 따라 다량무기질 또는 미량무기질로 분류한다. 미량무기질이라고 해서 다량무기질보다 덜 중요한 것은 아니다.

PART 2에서는 체내에 가장 많은 무기질인 칼슘으로 시작해 전해질과 다량무기질까지 알아본다. 또한 미량무기질의 기능, 이점, 결핍, 최고의 급원식품에 대한 정보까지 소개한다.

무기질 팁과 식단적용 아이디어를 보고 집에서 적용할 수 있는 방법을 생각해보자. 또한 이 정보는 특정 영양소의 섭취가 적절한지 평가할 수 있다. 보충제를 섭취해야 하는지 결핍의 증세가 있는지 등에 대해 의문점이 있을 경우, 의사와 반드시 상의하도록 한다.

[칼슘]

뼈 형성제

권장섭취량

남성(19~49세) ·········	800mg	여성(19~49세) ·········	700mg
남성(50~64세) ·········	750mg	여성(50세~) ·········	800mg
남성(65세~) ·········	700mg		

임신부와 수유부(15~18세) ·································	800mg
임신부와 수유부(19~49세) ·································	700mg

1990년대 미국에서 "got milk" 캠페인을 보았다면, 우유가 뼈를 만드는 음료로 홍보되었다는 것을 알 수 있다. 이 캠페인의 많은 광고는 유명 운동선수가 칼슘을 의인화해 우유를 마시면 강해지고 성공하고, 우유를 마시지 않으면 뼈가 약해지고 부러지기 쉽다고 표현했다. 이러한 주장은 우유에 함유된 많은 양의 칼슘에 기인한 것으로 여기서 칼슘의 역할을 유추할 수 있다.

보충제 섭취

보충제는 음식으로 칼슘의 권장섭취량을 충족하기 어려운 경우에만 도움이 된다. 칼슘 보충제는 가스, 복부 팽만감, 변비를 유발할 수 있으므로 하루 동안 복용량을 나눠서 식사와 함께 먹는 것이 좋다. 음식보다 보충제로 많은 양의 칼슘을 섭취하면 신장 결석과 심장 질환에 걸릴 위험이 증가할 수 있다.

칼슘의 상한섭취량은 19~49세 성인은 2,500mg이고, 50세 이상은 2,000mg이다.

급원식품

유제품은 식사로 섭취할 수 있는 가장 좋은 칼슘 공급원이며, 많은 채소와 강화식품에도 칼슘이 포함되어 있다. 그러나 시금치와 대황 같은 일부 채소의 칼슘은 케일, 브로콜리, 청경채의 칼슘만큼 잘 흡수되지 않는다. 무지방 우유는 지방 함량이 높은 우유보다 칼슘 함량이 더 높다. 요구르트 1컵, 치즈 약간, 익힌 케일 1컵을 식사에 포함하면 하루 필요량에 해당하는 칼슘을 충분히 섭취할 수 있다.

저지방 플레인 요구르트(1컵)	415mg
물기 제거한 물 담금 정어리 통조림, 뼈 포함(약 106g)	351mg
강화 오렌지 주스(1컵)	349mg
체다 치즈(약 42.5g)	307mg
강화 두유(1컵)	299mg
삶은 콜라드 그린(1컵)	268mg
황산 칼슘으로 만든 단단한 두부(1/2컵)	253mg
모차렐라 슬라이스(약 28g)	205mg
치아시드(2큰술)	152mg
생 아몬드(1/4컵)	95mg
익힌 케일(1컵)	94mg
오렌지(중간 크기 1개)	60mg

체내에서의 기능

칼슘의 주요 기능은 뼈와 치아의 구조를 형성하는 것이다. 또한 근육 수축을 돕고 신경 전달을 조절하며 혈압과 혈액의 산염기의 균형을 유지한다. 칼슘은 혈전 형성을 촉진하는 응고 인자로 알려진 비타민 K 의존성 단백질을 활성화하는 데 필요하다.

뼈와 근육 세포에는 칼슘이 세포로 들어가 근육을 자극하는 칼슘 채널이 있다. 이 채널은 혈관의 수축과 확장을 조절해 혈압을 조절한다. 사실 칼슘 채널 차단제는 고혈압에 흔히 사용되는 약이다. 이 약은 칼슘이 심장 세포에 들어가는 것을 차단해 혈관이 열리고 이완되도록 해서 혈압을 낮추는 역할을 한다.

칼슘은 여러 과정에 필수적이다. 때문에 비타민 D가 혈액 내에서 칼슘을 조절한다. 칼슘의 혈중 농도가 너무 낮으면 비타민 D는 뼈의 칼슘을 분해해 방출하라는 신호를 보낸다. 또한 질병 예방과 관련해 칼슘에 주목하고 있다. 연구에 따르면 칼슘 적게 섭취하면, 골다공증, 대장암, 비만, 고혈압의 위험이 있다고 한다. 그러나 칼슘 보충제가 이런 질병에 도움이 되는지는 의견이 엇갈리고 있다.

결핍

칼슘은 체내에 많이 저장되어 있다. 수치가 낮으면 뼈에서 방출되기 때문에 칼슘 결핍은 드물다. 단, 알코올 중독으로 비타민 D가 결핍되고 마그네슘의 수치가 낮아지면 혈중 칼슘 수치가 낮아질 수 있다.

뼈의 약화

결핍이 아니더라도 지속적으로 칼슘을 충분히 섭취하지 못하면 뼈가 약해지고 골다공증이 나타날 수 있다. 칼슘을 충분히 섭취하는 것은 어린이와 청소년의 뼈가 최대 골량을 달성하고, 노년층의 뼈가 약해지는 것을 예방하기 위해 중요하다. 칼슘이 부족할 위험이 있는 집단은 폐경기 여성. 유제품을 섭취하지 않으면서 칼슘이 풍부한 식물성 식품을 충분히 섭취하지 않는 채식주의자와 비건. 유당 불내증 환자들이다.

곁가지 정보 체내 칼슘의 99%는 뼈와 치아에 저장되어 있다.

무기질 팁

견과류, 귀리, 콩으로 만든 식물성 "우유"는 강화제품이라 하더라도 유제품보다는 칼슘이 적게 들어 있다. 유제품을 섭취하지 않을 경우, 다양한 식물성 칼슘 식품을 섭취해야 한다.

부엌에서
치아시드 푸딩

칼슘이 풍부한 맛있는 아침 식사를 만들어보자.
우유 1컵, 플레인 그릭 요구르트 1컵, 치아시드
1/4컵, 메이플 시럽 2큰술, 바닐라 익스트랙트 1
큰술, 소금 약간을 섞는다. 푸딩을 작은 병에 나
눠 담고 밀봉해 냉장고에 하루 두어 굳힌다. 키위
와 블루베리를 곁들여 먹는다.

[염소]

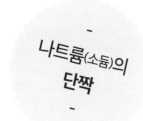

나트륨(소듐)의 단짝

충분섭취량

남성과 여성(19~64세)	2,300mg
남성과 여성(65~74세)	2,100mg
남성과 여성(75세 이상)	1,700mg
임신부와 수유부	2,300mg

염소는 체내에서 중요한 역할을 하지만, 염소의 기능은 나트륨과 밀접한 관련이 있어 일반적으로 염소만 별도로 논의하지 않는다. 염소는 주요 세포외 전해질로 세포외액에 포함되어 있으며, 적절한 체액량과 혈압을 유지하는 것을 도와준다.

급원식품

식단에서 염소의 주요 공급원은 나트륨과 염소로 구성된 소금이다. 셀러리, 토마토, 해조류 등의 채소에는 자연적으로 염소가 포함되어 있다. 통조림 채소, 가공육 등 소금을 첨가해 만든 보존 식품에는 염소가 다량 들어 있다. 또한 염소는 소금 대신 사용되는 칼륨과 함께 소금 대체제의 주요 성분 중 하나다(91쪽 참고).

보충제 섭취

식품으로 염소를 충분히 섭취할 수 있으므로 별도의 보충제를 섭취할 필요가 없다.

체내에서의 기능

염소는 세포외액에 가장 풍부하게 포함되어 있는 음전하를 띤 전해질이다. 나트륨, 칼륨과 함께 작용해 체액의 부피와 압력을 유지한다.

또한 염소는 신체의 산염기 균형을 유지하는 데 중요한 역할을 한다. 위 세포는 소화액의 주성분인 염산을 생성하기 위해 염소가 필요하다. 염산은 위에서 비타민 B12의 흡수에 필요한 내재성인자를 활성화한다(55, 56쪽 참고). 또한 위와 장에서 세균이 과도하게 증식하는 것을 방지한다.

결핍

염소 결핍은 매우 드물게 나타나지만, 설사, 구토, 심한 발한, 이뇨제 사용으로 인해 심각하게 체액이 손실된 상태에서 발생할 수 있다.

[마그네슘]

진정 효과 무기질

권장섭취량

남성(19~29세)	360mg	임신부(15~18세)	380mg
남성(30세~)	370mg	임신부(19세~)	320mg
여성	280mg	수유부(15~18세)	340mg
		수유부(19세~)	280mg

"오리지널 진정제"라고도 하는 마그네슘은 기분을 좋게 하는 기능 때문에 최근 몇 년 동안 주목을 받고 있다.

팔방미인 마그네슘

정신 건강, 질병 예방과 관련해 마그네슘의 영향을 계속 연구하고 있다. 필수 무기질인 마그네슘은 체내에서 300가지 이상의 효소 반응에 관여하고 있다. 또한 완화제인 마그네시아 밀크와 다양한 속쓰림 약에 사용되는 등, 마그네슘은 정말 다양하게 활용되고 있다.

 마그네슘은 식물성·동물성 식품에 포함되어 있으며 식단에 풍부하게 적용할 수 있다. 그러나 모든 연령대의 미국인 중 거의 절반이 권장섭취량을 섭취하지 못하고 있다. 일부 전문가들은 지속적으로 마그네슘을 부족하게 섭취하면 심장병, 제2형 당뇨병 등이 발병할 수 있다고 말한다.

급원식품

마그네슘이 엽록소의 일부를 구성하기 때문에 녹색잎 채소는 훌륭한 마그네슘 공급원이다. 통곡물도 이 영양소의 좋은 공급원이지만, 영양소가 풍부한 겨를 제거한 정제된 곡물에는 마그네슘이 적게 포함되어 있다. 호박씨 약 28g, 현미와 검은콩 1컵을 모두 함께 섞어 먹으면 하루 필요량을 충분히 섭취할 수 있다.

구운 호박씨(약 28g)	156mg
익힌 검은콩(1컵)	120mg
치아시드(약 28g)	111mg
익힌 흰강낭콩(1컵)	96mg
익힌 현미(1컵)	86mg
익힌 고등어(약 85g)	82mg
구운 아몬드(약 28g)	80mg
익힌 시금치(1/2컵)	78mg
70~80% 다크 초콜릿(약 28g)	65mg
생 땅콩(약 28g)	48mg
당밀(1큰술)	48mg
저지방 플레인 요구르트(1컵)	42mg
생 비트(1컵)	31mg

체내에서의 기능

체내에서 마그네슘은 지방과 탄수화물의 대사, DNA와 RNA 합성 등 300가지 이상의 대사 반응에 관여한다. 또한 마그네슘은 칼륨과 칼슘이 세포막을 지나갈 수 있도록 도와 근육 수축과 심장이 규칙적으로 뛸 수 있게 한다.

중요한 신체 내에서의 기능 때문에 마그네슘은 질병 예방과 치료에 중요한 영양소다. 연구들에 따르면 고혈압, 죽상동맥경화증, 인슐린 저항성, 골다공증, 편두통, 우울증, 불안장애와 같은 질병이 마그네슘 섭취와 반비례한다는 사실을 발견했다. 하지만 마그네슘 보충제가 이러한 질병 발병의 위험을 줄이는 데 얼마나 기여하는지는 아직 확실하지 않다.

보충제 섭취

마그네슘 섭취량이 충분하지 않을 수 있더라도 보충제 대신 식사를 통해 섭취량을 늘리는 것을 우선해야 한다. 음식이 아닌 보충제로 인한 마그네슘 과잉 섭취의 부작용으로는 설사, 저혈압, 착란상태, 무기력증, 근력저하 등이 있다. 특히 신장 기능이 손상된 경우에는 독성의 위험이 더 클 수 있다. 보충제의 마그네슘 상한섭취량은 하루 350mg이다.

결핍

마그네슘 결핍은 매우 드물다. 주로 신장이 마그네슘 배설을 조절해 체내 마그네슘을 보존하기 때문이다. 만성 알코올 중독, 건강상의 이유, 약물 복용으로 인한 과도한 마그네슘 손실이 있는 경우에는 결핍이 나타날 수 있다. 결핍 증세로는 식욕부진, 피로, 메스꺼움이 있으며, 심한 경우 혈중 칼슘이나 칼륨의 수치가 낮아진다.

불충분한 섭취

음식물로 마그네슘을 부족하게 섭취하는 경우는 실제 결핍보다 더 일반적이며 미국인의 48%가 해당한다고 한다. 이는 마그네슘을 충분히 섭취하지 않거나 마그네슘 흡수가 잘 안 되는 노인과 위장장애, 제2형 당뇨병이 있는 특정 인구에 나타날 가능성이 더 높다. 습관적으로 마그네슘을 적게 먹으면 질병이 발병할 수 있지만, 아직 그 연관성을 완전히 파악하지 못한 상태다.

무기질 팁

생리기간에는 마그네슘 수치가 떨어지므로 마그네슘이 풍부한 음식을 섭취하면 통증, 피로, 경련을 완화하는 데 좋다. 이런 경우 다크 초콜릿이 도움이 된다. 전문가들은 초콜릿이 호르몬 변화로 인한 낮은 에너지를 증가시킨다고 본다. 70% 이상의 코코아와 소량의 설탕으로 만든 다크 초콜릿은 마그네슘을 보충하거나 에너지를 증가시키기 때문에 생리 중인 여성에게 영양가 있는 간식이다.

곁가지 정보

식이섬유가 체내에서 마그네슘의 흡수를 감소시킬 수 있지만 마그네슘이 풍부한 음식을 섭취하면 괜찮다.

부엌에서
판 초콜릿

전자레인지에 다크 초콜릿 약 340g을 녹인다.
이때 30초 간격으로 저어주도록 한다. 유산지를
깐 베이킹 시트에 녹인 초콜릿을 펴고, 각 1/4컵
씩 섞은 다진 피스타치오, 아몬드, 말린 살구를
뿌린다. 단단하게 굳을 때까지 약 30분간 식힌다.
한입 크기로 자르고 굵은 소금을 뿌린다.

[인]

세포막 형성자

권장섭취량

남성과 여성	700mg
임신부와 수유부(15~18세)	1,200mg
임신부와 수유부(19세~)	700mg

식품의 라벨을 주의 깊게 살펴보면 생각보다 인이 많이 포함되어 있다.

영양소 첨가제

통조림, 병음료, 가공육, 즉석식품에는 인산, 인산나트륨, 폴리인산나트륨이 포함되어 있는데, 인은 여기에 들어 있는 식품 첨가물의 성분이다. 무기질은 식품 첨가물 외에도 육류, 유제품과 과일, 채소 등의 식물성 식품에 자연적으로 포함되어 있다.

체내에서 인은 대부분 뼈와 치아에 들어 있지만, 다양한 기관과 과정에 관여한다. 세포막의 구조를 형성하는 것 외에, 인은 유전자 전사와 에너지 대사에 영향을 미친다.

대부분은 식사로 필요량 이상으로 인을 섭취한다. 많은 사람을 대상으로 한 연구에서 첨가제에 포함된 인을 제외하고 있기 때문에 섭취량은 예상보다 더 높을 수 있다. 인을 과도하게 섭취하면, 심장, 뼈 질환에 걸릴 위험이 증가할 수 있다.

급원식품

유제품, 생선, 육류뿐 아니라 식물성 식품은 자연적으로 인을 섭취할 수 있는 좋은 급원식품이다. 우유 1컵, 닭고기 1인분, 캐슈넛 약 57g으로 하루 필요량을 충분히 섭취할 수 있다.

무지방 플레인 요거트(약 227g)	306mg
2% 저지방 우유(1컵)	226mg
익힌 대서양 연어(약 85g)	214mg
모차렐라 치즈(약 42.5g)	197mg
구운 닭가슴살(약 85g)	182mg
삶은 렌틸콩(1/2컵)	178mg
구운 캐슈넛(약 28g)	139mg
구운 러셋 감자(중간 크기 1개)	123mg
삶은 완두콩(1/2컵)	94mg
콘 또띠아(중간 크기 1장)	82mg
통밀빵(1조각)	68mg
탄산 콜라(약 340g)	41mg
사과(중간 크기 1개)	20mg

체내에서의 기능

수산화인회석과 인지질 형태에서 인은 뼈와 세포막의 구조를 형성한다. 체내 인의 약 85%는 뼈와 치아에 저장되고, 나머지 15%는 혈액과 조직에 존재한다.

또한 인은 유전자 정보를 저장하고 전달하는 DNA, RNA뿐만 아니라 모든 세포에 있는 에너지 운반 분자인 아데노신 삼인산(ATP: Adenosine Triphosphate)의 일부를 구성한다. 이 무기질은 신체의 완충제 역할을 해 산염기 균형과 정상적인 Ph를 유지하는 데 도움이 된다.

결핍

일반적으로 부족하지 않게 인을 섭취하고 있으므로, 인 결핍은 매우 드물다. 특정 유전 질환이나 심각한 영양실조가 있는 경우, 소모성 질환, 뼈의 통증, 착란뿐 아니라 감염병에 쉽게 걸릴 수 있다.

보충제 섭취

인은 식품에 널리 포함되어 있으므로 보충제가 별도로 필요없다. 사실 사람들은 대부분 식품으로 인을 필요 이상으로 섭취한다. 식품과 보조제를 이용한 총 인 섭취량의 상한섭취량은 19~74세의 성인과 수유부의 경우 3,500mg, 75세 이상의 경우 3,000mg, 임신부의 경우 3,500mg이다.

곁가지 정보

견과류, 씨앗, 곡물의 인은 다른 급원식품보다 체내에서 사용할 수 있는 양이 약 50% 적다.

무기질 팁

일부 식물성 식품에는 피트산이나 피트산염 형태의 인이 포함되어 있다. 인간의 소화 체계는 피트산염을 인으로 분해할 수 없어, 콩, 완두콩, 곡물, 씨앗에 들어 있는 인은 잘 흡수되지 않는다.

[칼륨(포타슘)]

혈압 무기질

충분섭취량

남성과 여성 ········· 3,500mg   임신부 ················ 3,500mg
수유부 ················ 3,900mg

칼륨과 바나나는 칼슘과 우유처럼 생각하면 된다. 아마 칼륨을
섭취하려면 바나나를 먹으라는 말은 한번쯤 들어봤을 것이다.
이외, 칼륨에 대해 더 알고 있는 것이 있는가?

중요한 조절장치

체내의 주요 전해질인 칼륨은 나트륨과 긴밀히 협력해 체액
의 양을 유지한다. 칼륨과 나트륨은 혈압을 조절해, 칼륨을
적게 섭취하거나 나트륨을 많이 섭취하면 고혈압을 유발할
수 있다. 실제로 2015~2020 미국인을 위한 식단 가이드라인
에 칼륨은 "공중 보건 문제의 영양소"로 구분했으며, 현재 식
품 표기사항에도 표기되어 있다. 미국인은 칼륨을 충분히 섭
취하지 않고 나트륨을 많이 섭취하는 경향이 있다.*

급원식품

과일과 채소를 많이 포함하면 칼륨이 풍부한 식단
이 된다. 아침으로 바나나, 점심으로 렌틸콩 1컵, 간
식으로 말린 살구 1인분, 저녁으로 구운 감자를 먹
으면 하루 필요량을 충분히 섭취할 수 있다. 대부분
의 대용소금에는 염화나트륨 대신 염화칼륨이 들
어 있다.

건조 살구(1/2컵)	1,101mg
껍질째 구운 감자(중간 크기 1개)	926mg
익힌 렌틸콩(1컵)	731mg
아보카도 슬라이스(1컵)	708mg
으깬 도토리 호박(1컵)	644mg
강낭콩 통조림(1컵)	607mg
익힌 비트 슬라이스(1컵)	518mg
바나나(중간 크기 1개)	422mg
익힌 아티초크(중간 크기 1개)	343mg
생 시금치(2컵)	334mg
구운 닭 가슴살(약 85g)	332mg
생 토마토(중간 크기 1개)	292mg
생 피스타치오(약 28g)	285mg
깍둑썰기한 멜론(1/2컵)	214mg
오이 슬라이스(1컵)	152mg
원두 커피(1컵)	116mg
고수(1/2컵)	21mg

* 우리나라도 마찬가지 경향을 보인다. 칼륨 주요 급원식품인 곡류와 채소, 과일 섭취의 감소로 최근 칼륨 섭취량이 감소하는 추세이며, 이에 따라 충분섭취량을 충족시키지 못하는
성인의 비율이 높게 나타나고 있다. 반해 나트륨은 과잉 섭취하고 있다.

체내에서의 기능

칼륨은 세포내액의 주요 양전하 이온이다. 칼륨과 나트륨은 모두 세포 내부와 외부에 다른 농도로 존재하며, 이 농도의 차이는 세포막 전위라는 중요한 움직임을 만들어낸다. 세포막 전위는 엄격하게 관리되며 신경 자극 전달과 근육 수축에 중요한 역할을 한다.

칼륨과 나트륨의 상호연계성은 칼륨이 혈압에 미치는 영향과 관련이 있다. 연구에 따르면 칼륨 섭취를 늘리면 소변으로 배출되는 나트륨이 증가해 혈압을 낮추는 데 도움이 된다고 한다. 칼륨은 혈관 확장을 도와 혈관이 열리고 이완되도록 한다.

보충제 섭취

미국 식품의약국(FDA)이 일부 제품의 칼륨 함유량을 제한해. 종합 비타민&무기질 보충제에는 99mg 미만의 칼륨만 포함되어 있다. 99mg 이상의 염화칼륨을 함유한 대부분의 약물이 소장 병변과 관련이 있기 때문이다. 칼륨 섭취를 늘리는 가장 좋은 방법은 식품을 통해서다.

결핍

칼륨 결핍은 매우 드물며, 증세로는 피로, 근육 약화, 호흡 문제, 부정맥이 있다. 이뇨제를 복용하거나 설사 또는 구토로 인해 심각한 칼륨 손실이 있는 경우에 나타날 수 있다.

섭취 부족

칼륨 섭취량이 적정섭취량에 미치지 못하지만, 결핍을 예방하기에 충분하면 섭취 부족이라고 한다. 염증성 장 질환이 있거나 이뇨제와 완하제를 자주 복용하는 경우, 섭취 부족이 되기 쉽다.

고칼륨혈증

만성 신장 질환이 있는 경우 신장 기능이 손상되면 소변으로 칼륨 배설이 더 어려워져 고칼륨혈증이 생길 위험이 있다. 신장 질환이 있다면 공인 전문 영양사나 의사와 적절한 칼슘 섭취에 대해 상담하는 것이 좋다.

곁가지 정보

체내의 칼륨이 충분하지 않으면 염분에 대한 민감도가 높아진다. 즉, 나트륨 섭취량이 평소보다 혈압에 더 많은 영향을 미치게 된다.

무기질 팁

커피는 칼륨의 급원식품이면서 유익한 화합물을 많이 포함하고 있다. 또한 커피는 미국 식단에서 최고의 항산화제 공급원이기도 하다(140~141쪽의 항산화제 참고). 블랙 커피나 적당량의 우유 또는 크림을 넣어 마시는 것이 가장 좋다.

부엌에서
건강 수프

먹기 바로 전에 렌틸콩 수프를 갈아 고수잎을 얹
어 먹으면 칼륨을 충분히 섭취할 수 있다.

[나트륨(소듐)]

풍미 강화제

충분섭취량

남성과 여성(19~64세)	1,500mg
남성과 여성(65~74세)	1,300mg
남성과 여성(75세~)	1,100mg
임신부와 수유부	1,500mg

다용도로 쓰일 수 있는 소금은 인기 있는 요리 재료다. 요리에 풍미를 더하고 오래 보존할 수 있도록 한다. 많은 장점이 있지만 소금은 과잉섭취하기 쉬운 영양소이기도 하다.

유익한 수준으로 섭취

나트륨은 다른 전해질과 함께 작용해 혈압을 유지하고 신체의 수분 평형을 조절하는 역할을 한다. 나트륨에는 중요한 기능이 많지만, 나트륨을 과잉으로 섭취하면 고혈압, 기타 건강 문제를 유발할 수 있다.

고혈압과 심장병의 위험을 줄이기 위해 미국 국립 의학 아카데미(National Academy of Medicine)는 하루 성인 나트륨 섭취량을 2,300mg 이하로 유지할 것을 권장한다. 그러나 이 양은 2019년까지의 나트륨 충분섭취량으로, 현재는 1,500mg으로 조정했다.* 충분섭취량이 낮아진 것은 2,300mg 미만의 나트륨 섭취가 성인에게 잠재적으로 건강에 좋은 영향을 미친다는 증거이기도 하다. 나트륨 섭취를 유익한 수준으로 줄이는 방법은 92쪽을 참고하도록 한다.

고나트륨 식품

식단에서 나트륨을 가장 많이 공급하는 것은 식품 가공 중에 첨가되거나 식사 중에 뿌리고 요리에 넣는 소금이다. 천연 나트륨을 포함한 식품은 거의 없다. 다음은 고나트륨 식품의 예시다. 과일, 야채, 통곡물을 풍부하게 넣어 식단을 구성하면 아래 목록에 있는 식품을 포함하는 식단보다 나트륨 함량이 훨씬 낮아진다.

소금 뿌린 감자칩(약 227g)	1,196mg
다진 햄(약 85g)	1,059mg
인스턴트 마카로니&치즈(1컵)	869mg
치킨 누들 스프 통조림(1컵)	789mg
저온살균 치즈 스프레드(약 28g)	416mg
비프 핫도그 (1개)	409mg
딜 피클(1개)	283mg

보충제 섭취

평균 나트륨 섭취량은 충분섭취량보다 두배가 넘게 높다. 특별한 이유 없이 보충제 또는 '염분제'를 복용해서는 안 된다.**

---

* 세계보건기구(WHO) 권장기준량은 2000mg이다.

** <2020 한국인 영양소 섭취기준>을 보면 2018년 한국인 하루 나트륨 섭취량은 3,255mg이다.

체내에서의 기능

체내의 나트륨 수치는 신장이 조절하며 수분 평형을 조절한다. 나트륨을 많이 섭취하면 갈증이 나면서 체내에서 적절한 혈중 나트륨 수준을 맞추기 위해 수분을 보유하려 한다. 그리고 이 과정에서 체내 혈액량과 혈압이 높아진다. 반대로 나트륨 섭취가 감소하면 신장은 적절한 나트륨 수치를 유지하기 위해 수분을 많이 보유하지 못한다. 이러한 기능 때문에 과도한 나트륨 섭취는 심장 질환을 발생시키는 위험 요인인 고혈압을 유발할 수 있다.

결핍

드물지만 음식으로 충분한 나트륨을 섭취하지 않으면 혈중 나트륨 수치가 낮아지는 저나트륨혈증이 나타날 수 있다. 두통, 구토, 경련, 피로, 뇌부종, 혼수상태까지 갈 수 있는 저나트륨혈증은 입원환자, 고혈압, 당뇨병, 뇌졸증, 암, 물이 많이 필요한 환자에게 자주 발생한다.

무기질 팁

새로운 나트륨 충분섭취량인 1,500mg은 소금 3,800mg에 해당하는 양으로, 2/3작은술 정도다. 먹는 식품의 표기사항에서 나트륨 함량을 확인하도록 한다. 나트륨 섭취량에 주의해야 하는 경우, 채소와 콩 통조림과 소스류는 저염 또는 "무염" 제품을 선택한다.

곁가지 정보 채소와 콩 통조림의 물을 버린 후, 헹궈서 사용하면, 나트륨 함량을 40%까지 줄일 수 있다.

나트륨 섭취 줄이기

나트륨을 지나치게 먹으면 고혈압이 나타날 가능성이 높아지므로 주의해야 한다. 미국 성인 3명 중 1명은 고혈압이 있다.* 식단 조절은 나트륨을 줄이는 효과적인 방법이며, 고혈압이 발생할 위험을 줄이고 질병을 예방할 수 있다. 저염 요리를 위한 몇 가지 팁을 소개한다.

자연식 섭취

가공식품이나 염장 제품을, 자연 제품인 신선/냉동 과일과 채소, 통곡물, 건강에 좋은 올리브 오일과 아보카도 같은 지방, 달걀, 지방이 적은 고기 등으로 대체한다.

소금 뿌리지 않기

소금을 추가로 뿌리지 않아도 다양한 양념으로 맛있는 풍미를 낼 수 있다. 소금 대신 레몬 주스, 식초, 카이엔 페퍼, 칠리 파우더, 로즈마리, 마늘, 건조 양파, 생강, 계피 등을 함께 사용해보자.

스스로 만들어 먹기

야채 통조림이나 콩 통조림을 사용하면 요리를 쉽게 할 수 있으나 나트륨 함량이 높다. 월계수 잎 등의 허브나 향신료와 함께 소금을 넣거나 또는 소금을 대체한 레시피를 찾아보자.

표기사항 확인

즉석 식품을 구입할 때에는 1회 제공량당 나트륨 함량이 500~600mg 미만인 제품을 선택한다. 이 양은 하루 충분섭취량의 1/3에 해당한다.

---

* 우리나라도 마찬가지 비율을 보이고 있다. 30세 이상 성인의 고혈압 유병률은 2020년 기준 28.3%이다. 남자는 34.9%, 여자는 21.3%로 나타났다.

부엌에서
DIY 검정콩

말린 검정콩 1컵에 물 8컵을 넣고 하루 동안 불린다. 물을 버리고 헹군 후, 쭈글쭈글하거나 부서진 콩은 건져낸다. 큰 냄비에 물 4컵, 소금 1/2작은술, 월계수 잎 1개, 다진 마늘 3쪽과 불린 콩을 넣고 삶는다. 뚜껑을 덮고 부드러워질 때까지 45~60분 동안 끓인다. 수프와 샐러드에 넣기 전에 월계수 잎을 뺀다.

[황]

단백질의
연결고리

권장섭취량

대부분의 사람들이 단백질 섭취를 통해 필요량을 충족한다는 가정하에
황에 대한 권장섭취량은 없다.

황은 단독으로 존재하는 영양소가 아니라 주로 아미노산 메티오
닌과 시스테인의 일부 성분으로 존재한다. 그래서 단백질이 풍
부한 음식은 최고의 황 공급원이라고 할 수 있다. 황은 체내에서
단백질 접힘과 구조와 주로 관련이 있지만, 다른 역할도 있다.

급원식품

닭고기, 칠면조, 쇠고기, 햄, 달걀, 치즈, 생선, 해산물 등의 동물성 단백질
은 모두 황을 포함하고 있다. 식물성 공급원으로는 대두, 흰콩, 호두, 아
몬드, 건조 살구, 귀리, 보리쌀이 있다. 황은 일부 채소에도 들어 있다.

보충제 섭취

황은 주로 보충제에 다이메틸설폭시화물(DMSO: Dimethyl Sulfoxide)과 메
틸설포닐메탄(MSM: Methylsulfonylmethane)으로 포함되어 있다. 메틸설
포닐메탄은 관절 통증과 관절염에 사용되며, 위약 대조 실험에서 관절
문제에 효과적이라고 나타났다. 다양한 식사를 하는 건강한 성인은 황
보충제가 필요하지 않다. 일부 보충제 중 특히 다이메틸설폭시화물은
위험할 수 있으며, 원치 않는 부작용을 일으킬 수 있다. 모든 종류의 보
충제는 복용하기 전에 의료 전문가와 상담하도록 한다.

체내에서의 기능

황은 단백질이 접힐 때 함께 결합되는 이황화
결합의 핵심 구성요소다. 단백질의 모양은 기
능을 결정하므로 황은 단백질의 기능에 필수
적인 영양소다. 무기질은 특히 글루타티온 생
성과 같은 산화적 손상을 방어하는 것과 관련
된 반응을 돕는다.

결핍

황 결핍증을 앓은 사람은 발견되지 않았으며, 황은
단백질을 충분히 섭취하면 부족하지 않을 것으로
본다.

[크롬(크로뮴)]

인슐린 활성제

충분섭취량

남성(19~64세)	30mcg	임신부	25mcg
남성(65세~)	25mcg	수유부	40mcg
여성	20mcg		

건강 전문가와 다이어트 업계는 크롬의 장점에 대해 말하고 있지만, 영양적으로 아직 알려지지 않은 부분이 많다. 크롬의 영양학적 가치에 대해 지속적으로 연구 중이다.

인슐린 작용 지원

2001년 전문가들은 크롬을 필수 영양소로 분류했지만, 최근 연구에 따르면 크롬이 없어도 체내 기능에는 문제가 없다고 밝혀졌다. 미국에서는 크롬을 재분류할지 검토하지 않았지만 유럽의 전문가들은 2014년 자료에 근거해 크롬은 필수 영양소가 아니라고 발표했다. 필수 영양소이든 아니든 간에 크롬의 중요한 기능을 간과할 수 없다. 크롬은 인슐린 작용에 필수적인 영양소이며, 제2형 당뇨병 환자들에게는 중요한 영양소이기 때문이다.

급원식품

크롬은 많은 식품에 포함되어 있지만, 각 식품에 포함된 크롬의 양은 토양 조건과 제조 공정에 따라 크게 다르다. 따라서 정확한 함유량을 측정하기가 어려우며 아래 제시된 숫자는 추정치다. 하루 동안 브로콜리 1컵, 잉글리시 머핀 1개, 토마토 주스 1컵을 먹으면 필요한 양의 크롬을 충분히 섭취할 수 있다.

생 브로콜리(1컵)	22mcg
포도주스(1컵)	7.5mcg
통밀 잉글리시 머핀(1개)	3.6mcg
맥주효모(1큰술)	3.3mcg
생 그린빈(1컵)	2.2mcg
익힌 칠면조 가슴살(약 85g)	1.7mcg
토마토 주스(1컵)	1.5mcg
바나나(중간 크기 1개)	1.0mcg
오렌지(중간 크기 1개)	0.4mcg

체내에서의 기능

체내 크롬의 주요 형태인 3가 크롬은 인슐린 작용을 강화하는 크로모듈린 분자의 보조인자로 본다. 인슐린은 식사 후와 같이 혈당이 증가할 때 분비되어 세포와 결합하고 포도당 흡수를 돕는 호르몬이다. 인슐린 감수성의 저하는 혈당 수치를 높이고 결국 제2형 당뇨병을 발생시킬 수 있다.

아직 이유는 밝혀지지 않았지만, 크롬은 인슐린 감수성을 향상시킬 수 있다. 일부 무작위 대조 시험에서 크롬 보충제가 제2형 당뇨병 환자의 공복 혈당을 낮추는 데 도움이 된다는 것을 밝혀냈다. 그러나 크롬 보충제가 혈당을 개선하는 데 효과적이지 않다고 하는 다른 연구 결과도 있다.

보충제 섭취

대부분의 사람들은 음식으로 크롬을 충분하게 섭취해, 보충제가 필요하지 않다. 그러나 제2형 당뇨병을 치료하기 위해 가끔 보충제를 복용하기도 한다. 크롬의 상한섭취량은 없지만 장기간 크롬 보충제를 섭취하는 것은 위험할 수 있다.

결핍

크롬의 정확한 함량을 측정하기 어렵기 때문에 결핍에 대한 정보가 많지 않다. 결핍은 일반적이지 않을 것이라 보며, 다양한 식품을 균형 있게 먹는다면 크롬을 적절하게 섭취한다고 볼 수 있다.

곁가지 정보

스테인리스 스틸 식품 가공 장비, 냄비, 프라이팬을 사용하면 소량의 크롬이 음식에 들어갈 수 있다.

무기질 팁

설탕이 첨가된 음료, 디저트류, 사탕 같은 단순당이 많이 함유된 식사를 하면 소변으로 나오는 크롬의 양이 늘어날 수 있다. 통곡물 같은 복합당질은 크롬 손실이 많지 않다.

부엌에서
상큼한 브로콜리

비타민 C는 크롬 흡수율을 높인다. 크롬과 비타
민 C를 동시에 섭취할 수 있는 삶은 브로콜리에
오렌지 소스를 얹어보자. 팬에 버터 2큰술을 녹
이고 입맛에 따라 오렌지 주스 몇 큰술과 오렌지
제스트를 넣고 저어 소스를 만든다.

[구리]

색소 무기질

권장섭취량

남성(19~64세) ········	850mcg	임신부(15~18세) ·····	830mcg
남성(65세~) ········	800mcg	임신부(19세~) ········	780mcg
여성(19~64세) ········	650mcg	수유부(15~18세) ····	1180mcg
여성(65세~) ········	600mcg	수유부(19세~) ····	1130mcg

동전의 갈색 빛을 내는 광물인 구리가 인간의 필수 영양소라는 것이 이상하게 느껴질 수 있다. 그러나 구리가 없으면 체내에서 철 대사, 조직 형성, 기타 여러 기능을 할 수 없다는 것을 알고 있는가?

구리는 면역 기능, 골광화, 뇌건강에 관여한다. 구리는 다량무기질보다 적은 양이 필요하지만 음식을 통해 필요량을 충분히 섭취하는 것이 중요하다. 조개류로 상당량의 구리를 섭취할 수 있지만, 생선류를 먹지 않는 사람들은 다양한 식물성 식품으로 섭취하면 된다.

급원식품

조개류와 내장고기는 최고의 구리 공급원이며 식물성 식품으로도 구리를 섭취할 수 있다. 익힌 굴 약 85g에는 무려 5일 동안 사용할 수 있는 구리가 들어 있다!

익힌 이스턴 굴(약 85g)	4,850mcg
껍질째 익힌 감자(중간 크기 1개)	675mcg
익힌 표고버섯(1/2컵)	650mcg
구운 캐슈넛(약 28g)	629mcg
구운 해바라기씨(1/4컵)	615mcg
익힌 기장(1컵)	280mcg
말린 무화과(1/2컵)	214mcg
청키 땅콩 버터(2큰술)	185mcg
갈아서 익힌 칠면조(약 85g)	128mcg
뜨거운 물을 부어 익힌 파리나(1컵)	104mcg

체내에서의 기능

구리는 에너지 생성, 콜라겐과 엘라스틴의 결합조직 생성에 중요한 역할을 하는 효소 중 일부다. 또한 철을 이동시켜 적혈구를 형성하기 때문에, 구리가 부족하면 빈혈이 생기거나 간에 철분이 과다 축적될 수 있다.

구리는 뇌와 신경계가 정상적인 기능을 할 수 있도록 하므로 구리의 영양상태는 신경질환과 관련이 있다. 그 예로 연구원들은 현재 알츠하이머병과 구리 대사 문제 간의 연관성을 연구하고 있다. 마지막으로 항산화제인 수퍼옥사이드 디스뮤테이즈(SOD: Superoxide Dismutase)는 구리를 포함하고 있으며, 적혈구와 신체의 항산화 활성에 중요한 역할을 하는 다른 세포에서 발견된다.

결핍

구리의 결핍 증세로는 빈혈, 골다공증, 감염에 대한 감수성 증가 등이 있으나, 매우 드물다. 셀리악병, 크론병, 멘케스병이 있다면 구리가 부족하거나 결핍될 가능성이 더 높다.

보충제 섭취

대부분의 성인은 식사로 필요량 이상을 섭취하기 때문에 구리 보충제는 일반적으로 필요 없다. 구리를 과도하게 장기간 섭취하면 간이 손상될 수 있다. 식품과 보충제의 상한섭취량은 하루 10mg(10,000mcg)이다.

곁가지 정보

구리 의존성 효소는 피부색을 담당하는 색소인 멜라닌 형성에 필요하다.

무기질 팁

아연은 구리 흡수를 방해하기 때문에 아연 보충제나 아연이 함유된 크림을 정기적으로 바르면 구리 결핍이 나타날 수 있다. 고용량(50+mg/1일)의 아연 보충제를 복용하면 체내의 구리가 감소될 수 있다.

부엌에서

과일과 견과류를 얹은 파리나

말린 무화과 1/4컵, 구운 해바라기 씨 1/4컵, 구운
캐슈넛 1/4컵을 파리나 시리얼에 얹으면 구리가
풍부한 균형 있는 아침 식사가 된다.

[불소(플루오린)]

충치 예방제

충분섭취량

남성(19~49세) …………	3.4mg	여성(65~74세) …………	2.5mg
남성(50~64세) …………	3.2mg	여성(75세~) …………	2.3mg
남성(65~74세) …………	3.1mg	임신부와 수유부(15~18세) ………	
남성(75세~) …………	3.0mg		2.7mg
여성(19~29세) …………	2.8mg	임신부와 수유부(19세~) ………	
여성(30~49세) …………	2.7mg	일반 여성의 충분섭취량과 같음	
여성(50~64세) …………	2.6mg		

지금 물을 마시고 있다면 불소를 섭취하고 있을 가능성이 크다.*

불소란?

충치를 예방하기 위해 미국은 상수도에 불소를 추가한다. 식수는 음식 중 불소의 가장 큰 공급원이지만 일부 식품과 음료에도 포함되어 있다. 유럽, 남미, 동남 아시아의 일부 지역에서는 소금과 우유에 불소를 첨가하기도 한다.

불소가 만성 질환의 위험을 높일 수 있다는 일부 의견도 있지만, 이 의견을 뒷받침할 만한 연구 자료는 없다. 물에 불소를 첨가하는 것은 치아에 긍정적인 영향을 미치므로 일반적으로 안전하고 유익하다고 본다.

급원식품

불소 함유 수돗물을 마시면 가장 쉽게 불소를 섭취할 수 있다. 하루 불소 필요량을 섭취하려면 약 10컵의 물을 마셔야 한다. 물을 많이 마시지 않거나 불소 처리한 물이 없는 지역에 살고 있다면 아래의 음식과 음료를 식사에 포함하도록 한다. 오트밀, 쌀, 차와 같이 물로 만든 음식과 음료는 사용된 물의 불소 함유량에 따라 불소의 양이 달라진다. 대부분의 치약, 구강세정제, 젤 등의 치과 제품도 불소 공급원이다. 치과 제품으로 섭취하는 불소의 양은 삼킨 양에 따라 다르다.

불소 처리된 물(1컵)	0.2~0.3mg
홍차(1컵)	0.07~1.5mg
건포도(1/4컵)	0.08mg
익힌 오트밀(1/2컵)	0.08mg
자몽 주스(3/4컵)	0.08mg
코티지 치즈(1/2컵)	0.04mg
익힌 쌀(1/2컵)	0.04mg
구운 포크찹(약 85g)	0.03mg

* 현재 한국에서는 수돗물에 불소가 들어가지 않는다. 1981년 국내에서 처음 시작된 수돗물불소농도조정사업은 2018년을 끝으로 중단되었다.

체내에서의 기능

불소는 치아가 발달하는 동안 치아의 광물화를 촉진하고 에나멜을 강하게 만든다. 또한 산을 생성하는 박테리아가 치아에 작용하는 것을 막아 충치를 예방한다.

일부 연구에서는 불소 처리된 식수보다 약으로 보충하면 골다공증 예방에 도움이 된다고 한다. 그러나 불소를 고용량으로 섭취하면 관절 통증, 칼슘 결핍, 피로 골절 등의 부작용이 나타날 수 있다.

결핍

대부분은 물과 음식으로 충분히 섭취하며, 미국에서의 불소 결핍은 드물다. 지금까지 알려진 유일한 결핍 증세는 충치가 생길 위험이 증가하는 것이다.

보충제 섭취

불소 보충은 항상 의료인이 처방하고 확인해야 한다.

불소 처리된 식수를 이용할 수 없는 지역에서는 보충제로 어린이의 충치를 줄일 수 있다. 전문가들은 물에 0~0.6ppm(parts per million, 백만분율)의 불소가 포함되어 있는 경우, 하루에 0.25~1mg의 보충제를 권장한다. 자녀가 충분한 양의 불소를 섭취하고 있지 않다고 우려된다면 보충제를 복용하기 전에 소아과 의사나 치과 의사와 상담하도록 한다. 불소 보충제가 성인의 충치를 예방하는 데 도움이 되는지는 확실하지 않다.

치아가 형성되는 유년기에 불소를 과잉 섭취하면 치아 불소증이 생겨 치아에 흰색 반점이나 얼룩이 생길 수 있다. 미국 청소년의 최대 41%에게 치아 불소증이 나타날 수 있지만, 대부분 경미하거나 심각하지 않다.

극도로 많은 양의 불소를 섭취하면 구토, 설사, 사망까지 이를 수 있지만, 물이나 치과 제품으로 치사량을 얻는 것은 거의 불가능하다. 불소의 상한섭취량은 현재 9세 이상 기준으로 10mg이다.

곁가지 정보

2016년 기준으로 미국인의 62% 이상이 불소가 함유된 도시 상수도 시스템의 물을 사용한다.

무기질 팁

일반적으로 불소는 생수에는 첨가되지 않으며 표기사항에 표시할 대상도 아니었다. 미국 식품의약국은 현재 생수에 첨가되는 불소의 양을 리터당 0.7mg으로 제한을 두기 위해 노력 중이다.

[요오드(아이오딘)]

갑상샘의 조력자

권장섭취량

남성과 여성 ·········	150mcg	수유부(15~18세) ·····	320mcg
임신부(15~18세) ·····	220mcg	수유부 ···············	340mcg
임신부(19세~) ········	240mcg		

애팔래치아 지역과 오대호 주변 지역이 한때 "갑상샘종 벨트"였다는 것을 알고 있는가?

갑상샘 기능 보조

갑상샘종 벨트는 주로 식품 재배로 사용되는 토양에 요오드가 침식되어 이 지역에 거주하는 사람들의 요오드 결핍률이 높아 지어진 이름이다. 결핍의 특징적인 증세는 목이 비대해지는 갑상샘종이다.

대부분의 영양소와 마찬가지로 부족하게 섭취해서 발생하는 현상은 요오드의 중요한 기능과 관련이 있다. 필수 무기질인 요오드는 성장, 뇌 발달, 신진대사, 생식을 조절하는 갑상샘 호르몬의 구성 요소다. 미국에서는 1920년대 요오드화 소금 덕분에 요오드 결핍이 더 이상 문제되지 않지만, 세계 인구의 30% 이상이 결핍될 위험에 있다.

급원식품

요오드는 바닷물에 존재하므로 해산물과 해조류가 요오드의 좋은 공급원이며, 달걀, 유제품, 일부 식물성 식품에도 있다. 식품의 요오드 함량은 작물 재배에 사용되는 토양의 함유량에 따라 다르다. 구운 대구 약 85g만으로도 매일 필요한 양의 요오드를 섭취할 수 있다.

건조 김(10g)	232mcg*
구운 대구(약 85g)	158mcg
무지방 그릭 요구르트(1컵)	116mcg
익힌 굴(약 85g)	93mcg
요오드화 소금(약 1/4티스푼)	76mcg
구운 중간 크기 감자(1컵)	60mcg
익힌 흰 강낭콩(1/2컵)	32mcg
삶은 달걀(대란 1개)	26mcg
초콜릿 아이스크림(1/2컵)	21mcg
익힌 새우(약 85g)	13mcg

* 최대 함유량은 g당 2,984mcg이 될 수 있음 - 지은이

체내에서의 기능

요오드는 T3와 T4 갑상샘 호르몬의 중요한 구성요소이므로 갑상샘이 정상적으로 기능을 하기 위해서 필요하다. 갑상샘은 체온, 신진대사, 성장, 생식을 조절한다. 요오드가 부족하면 체내에서 최대로 요오드 흡수하려 하기 때문에 갑상샘이 갑상샘종으로 발달한다. 심각한 결핍은 피로, 추위에 대한 민감성 증가, 탈모, 체중 증가 등이 나타나는 갑상샘 기능저하증으로 이어질 수 있다.

또한 요오드는 어린이의 적절한 신경 발달에 중요한 역할을 한다. 임신 중 요오드 결핍은 지적 장애, 발육 부진, 성적 성숙 지연을 유발할 수 있다.

결핍*

미국에서 식품으로 요오드를 충분히 섭취하고 있지만 부족할 위험이 있는 집단이 있다. 요오드화 소금을 섭취하지 않거나 요오드가 부족한 토양에 거주하거나 비건인 경우 요오드 결핍이 될 가능성이 높다. 요오드화 소금을 사용하고 요오드가 풍부한 식품을 충분히 섭취하는 것이 결핍을 예방하는 가장 좋은 방법이다.

보충제 섭취

요오드는 보충제, 다양한 종합 비타민과 무기질제, 임산부용 영양제에 포함되어 있다. 적절하게 음식으로 섭취한다면 요오드 보충제를 복용할 필요는 없다. 과도하게 요오드를 섭취하면 갑상샘종을 유발할 수 있으며, 요오드로 인한 갑상샘 기능항진증을 유발할 수 있다. 요오드의 상한 섭취량은 2,400mg이지만 일부 해조류 간식을 제외하고 음식이나 보충제로 이 정도의 양을 섭취하는 사람은 거의 없다.

곁가지 정보

고가공식과 통조림 제품에는 소금이 첨가되어 있으므로 요오드 함량이 높다고 생각할 수 있다. 가공식품에 사용하는 소금은 거의 요오드화 소금을 사용하지 않는다.

무기질 팁

미국은 요오드화 소금이 일반적이지만, 바다 소금, 코셔 소금, 플뢰르 드 셀, 핑크 히말라야 소금에는 요오드가 포함되어 있지 않다. 바닷물로 만들었더라도 요오드화 작업을 거치지 않은 바다 소금에는 자연적으로 존재하는 요오드가 없다.

---

* 한국보건산업진흥원 연구에 따르면 한국인 하루 평균 요오드 섭취량은 417mcg로 권장 섭취 기준을 훌쩍 뛰어넘고, 임신부·수유부의 하루 평균 요오드 섭취량도 권장 섭취 기준의 1.3배다. 다시마·미역·김 등 해조류를 통해 한국인의 상당수는 평균 이상의 요오드를 섭취하고 있는 것이다.

부엌에서
해초 샐러드

말린 미역 약 21g을 따뜻한 물에 몇 분간 불린다.
쌀식초 1/4컵, 간장 1/4컵, 참기름 1큰술, 다진 생
각 1작은술, 고춧가루 약간을 잘 섞는다. 미역은
물기를 빼고 취향에 따라 작게 썰어 드레싱에 버
무린다.

[철]

혈액 생성제

권장섭취량

남성(19~64세)	10mg	여성(75세~)	7mg
남성(65세~)	9mg	임신부	24mg
여성(19~49세)	14mg	수유부	14mg
여성(50~74세)	8mg		

만화 주인공 뽀빠이 덕분에 많은 사람들이 시금치에 철분이 풍부하다고 생각하지만, 사실 생각만큼 좋은 공급원은 아니다. 1870년에 한 과학자가 시금치의 철분 함량을 보고할 때, 100g에 실제 함유량 3.5mg에서 소수점을 누락시켜 35mg이 들어 있다고 했기 때문에 이런 오해가 생겼다.

철분은 다른 무기질보다 적은 양이 필요하지만 체내에서 중요한 기능을 한다. 성장, 뇌 발달, 혈액 내 산소 전달을 위해 충분히 섭취해야 한다. 여성은 영아 성장을 돕기 위해 임신과 수유 중에 더 많은 철분이 필요하다. 또한 월경으로 인해 손실된 철분을 보완하기 위해 가임기 동안 더 많은 철분이 필요하다.

헴철과 비헴철

식품에서 철은 헴철과 비헴철 두 가지 형태로 존재한다. 육류와 해산물은 헴철과 비헴철 모두 포함하고 있으나 식물성 식품과 철분 강화 제품에는 비헴철만 있다. 비헴철은 흡수되는데 함께 먹는 다른 영양소의 영향을 받기 때문에, 헴철이 비헴철 형태보다 더 쉽게 흡수된다.

급원식품

여성의 경우, 철분 강화 오트밀 한 그릇으로 하루 필요량을 섭취할 수 있으며, 남성은 렌틸콩 1컵과 캐슈넛 한 줌으로 충분하다.

강화 오트밀(1/2컵)	20mg
삶은 시금치(1컵)	6.4mg
익힌 렌틸콩(1컵)	6mg
익힌 갈은 쇠고기(1컵)	3mg
단단한 두부(1/2컵)	3mg
뭉근히 익힌 토마토(1/2컵)	2mg
기름을 제거한 기름 담금 정어리 통조림(약 85g)	
	2mg
생 캐슈넛(약 28g)	2mg
구운 칠면조 가슴살(약 85g)	1mg
익힌 현미(1컵)	1mg
생 피칸(약 28g)	0.7mg

체내에서의 기능

철은 헤모글로빈과 미오글로빈의 구성 성분이다. 헤모글로빈은 폐에서 신체의 조직으로 산소를 전달하는 단백질이다. 단백질 미오글로빈은 근육 조직에서 산소를 운반한다.

세포에 에너지를 전달하는 화합물인 ATP를 생성하는 데 중요한 역할을 하는 특정 효소에도 철이 들어 있다. 즉, 철은 신진대사와 에너지 생성에 필수적이다.

건강한 임신과 생애 주기 동안 적절한 성장을 위해서는 철분을 충분히 섭취해야 한다. 철분을 충분히 섭취하지 못한 영유아는 지능과 운동 발달뿐만 아니라 성장에 장애가 생길 위험이 있다.

보충제 섭취

철분 보충제는 임신부와 섭취량이 부족한 사람에게는 도움이 되지만 꼭 필요하지 않다면 복용하면 안 된다. 철분을 너무 많이 섭취하면 구역질, 변비, 장기 손상이 일어날 수 있다. 상한섭취량은 하루 45mg이다.

결핍

취약 집단의 결핍을 예방하고 개선하기 위해 보충제를 권장한다. 음식을 통해 철분 흡수를 촉진하는 방법도 있다. 예를 들어, 비타민 C, 동물성 식품의 헴철, 베타카로틴은 비헴철이 더 잘 흡수되게 한다.

위험집단

철결핍성 빈혈의 위험이 있는 집단으로는 생리 중인 여성, 임신부, 어린이, 헌혈을 자주하는 사람, 채식 위주로 식사하는 사람들이 있다.

결핍 증세

빈혈의 증세로는 피로, 호흡곤란, 빠른 심장 박동, 현기증, 추위에 대한 민감성 증가, 창백해진 피부 등이 있다.

채식주의자와 비건을 위한 주의사항

채식주의자와 비건의 철 권장섭취량은 일반인보다 1.8배 더 높다. 대부분 비헴철이 헴철만큼 잘 흡수되지 않으며, 일부 식물성 식품에는 철분과 결합해 흡수를 방해하는 화합물이 포함되어 있을 수 있기 때문이다. 곡물과 콩에 있는 피트산염과 과일, 채소, 차, 커피, 와인에 있는 폴리페놀은 철분 흡수를 저해한다.

곁가지 정보 철 결핍은 세계에서 가장 흔한 영양소 결핍이다. 철은 체내에 충분한 저장을 할 수 있을 때보다 결핍일 때 더 잘 흡수된다.

무기질 팁

감귤류, 피망, 딸기 등 비타민 C 급원식품과 함께 식물성 식품을 섭취해 철분이 더 잘 흡수되게 하자.

부엌에서
샐러드볼

딸기, 염소치즈, 피칸, 레몬 드레싱을 곁들인 시금
치 샐러드는 철분이 풍부한 요리다.

115

[망간(망가니즈)]

미토콘드리아
보호자

충분섭취량

남성	4.0mg	임신부와 수유부	3.5mg
여성	3.5mg		

잠시 중학교 생물 시간을 떠올려보자. "세포의 발전소"인 미토콘드리아라는 내용이 생각나는가? 미토콘드리아가 음식의 에너지를 세포가 사용할 수 있는 에너지로 바꾸는 역할을 한다는 것은 기억이 나도, 망간이 건강한 미토콘드리아를 유지하는 데 매우 중요하다는 사실은 아마 모를 것이다.

망간은 인간의 건강에 꼭 필요한 미량무기질이다. 망간의 일부 기능과 결핍 증세는 아직 제대로 파악되지 않았지만, 뼈의 발달과 상처 치유에 중요한 역할을 하는 것으로 보인다.

급원식품

식물성 식품 위주로 식사를 하는 경우, 망간의 필요량을 쉽게 충족시킬 수 있다. 망간이 가장 풍부하게 들어 있는 식품은 통곡물, 녹색잎 채소, 일부 과일, 견과류 등이 있다. 파인애플 2컵으로 하루에 필요한 망간을 충분히 섭취할 수 있다.

구운 헤이즐넛(약 28g)	1.6mg
구운 피칸(약 28g)	1.1mg
익힌 현미(1/2컵)	1.07mg
익힌 조개(약 85g)	0.9mg
파인애플 청크(1/2컵)	0.8mg
삶은 대두(1/2컵)	0.7mg
홍차(1컵)	0.5mg
익힌 핀토 빈(1/2컵)	0.39mg
익힌 도토리 호박(1/2컵)	0.3mg

체내에서의 기능

항산화효소인 망간 슈퍼옥사이드 디스뮤테이즈(MnSOD: Manganese Superoxide Dismutase)의 필수 성분인 망간은 산화 스트레스로부터 미토콘드리아를 보호하는 데 꼭 필요하다. 또한 뼈와 연골 형성을 촉진하는 효소의 보조인자일 뿐만 아니라, 피부에 있는 콜라겐을 구성하는 요소를 제공하는 데 도움을 주는 효소의 보조인자이기도 하다.

소수의 연구에 따르면 망간 수치가 감소하면 골다공증이나 당뇨병이 발병할 위험이 증가한다고 한다. 그러나 이 연구 결과는 엇갈리며 보충제로 낮은 망간 수치를 개선하는 것이 유익하다는 강력한 근거가 없다.

보충제 섭취

다양하게 식사를 하면 망간 보충제는 필요 없다. 망간의 독성은 중추신경계에 심각한 손상을 주며 조증, 우울증, 과민, 파킨슨병과 유사한 신경계 증상을 유발할 수 있다. 식품으로 망간을 섭취할 때의 독성은 아직 보고되지 않았으며, 작업장에서 다량의 망간 먼지와 망간에 오염된 식수에 노출된 경우에 발생했다. 망간의 상한섭취량은 하루 11mg이다.

곁가지 정보
마그네슘과 망간은 두 광물이 처음 분리된 그리스의 마그네시아 지역의 이름을 따서 지어졌다.

결핍

망간 결핍은 드물다. 결핍의 징후와 증세에 대해 많이 알려진 내용은 없으나, 일부 보고에 따르면 탈무기질화, 피부발진, 저콜레스테롤혈증을 유발한다고 한다.

무기질 팁

차의 타닌, 콩, 씨앗, 견과류, 대두, 통곡물의 피트산염은 망간 흡수를 살짝 방해할 수 있다. 망간이 포함된 다양한 식품으로 균형 있게 식사를 한다면 이는 큰 문제가 되지 않는다.

부엌에서
파인애플 볶음밥

프라이팬에 올리브유 2큰술, 다진 파인애플 1컵,
다진 파 한 줌, 다진 피망 1개, 다진 마늘을 함께
넣고 볶는다. 현미밥 1/2를 넣고 몇 분간 더 볶는
다. 취향에 따라 단백질(콩, 달걀 스크램블, 닭고기)을
더한다.

[몰리브덴(몰리브데넘)]

"흙" 영양소

권장섭취량

남성(19~64세)	30mcg	여성(65세~)	22mcg
남성(65세~)	28mcg	임신부	25mcg
여성(19~64세)	25mcg	수유부	28mcg

토양의 구성 성분이 일부 식품에 영양학적으로 얼마나 영향을 미치는지 대부분은 잘 모른다. 필수 미량무기질인 몰리브덴은 농업에서 사용하는 흙과 물의 영향을 많이 받는다.

토양 구성 성분

당연히 식품의 몰리브덴 함량은 어디에서 자라났는지에 따라 크게 달라진다. 하지만 토양 구성 성분이 다양하더라도 몰리브덴은 다양한 식품에 포함되어 있다. 토양에 영양이 부족한 지역에 사는 사람들은 요오드 결핍에 취약해 요오드화 소금을 사용하지만, 몰리브덴은 식사만 제대로 잘 챙긴다면 충분히 섭취할 수 있다.

급원식품

몰리브덴을 섭취할 수 있는 최고의 식품은 콩, 통곡물, 견과류다. 과일과 채소에는 일반적으로 몰리브덴이 적게 함유되어 있다. 동부콩 1/2컵에는 거의 일주일 분량의 몰리브덴이 포함되어 있다.

삶은 동부콩(1/2컵)	288mcg
삶은 리마빈(1/2컵)	104mcg
저지방 플레인 요구르트(1컵)	26mcg
치리오스 시리얼(1/2컵)	15mcg
바나나(중간 크기 1개)	15mcg
통밀빵(1조각)	12mcg
갈아서 볶은 쇠고기(약 85g)	8mcg
익힌 스위트콘(1/2컵)	6mcg

체내에서의 기능

몰리브덴은 함황아미노산 대사에서 약물과 독소 처리 기능을 하는 4가지 효소의 구성 성분이다. 또한 혈액 내 항산화 물질을 증가시키는 DNA와 RNA 구성 성분의 분해를 돕는다.

테트라티오몰리브데이트(TM: Tetrathiomolybdate) 화합물의 일부인 몰리브덴은 구리의 상태를 조절하는 역할을 한다. TM은 구리와 결합해 구리의 흡수를 방지한다. 따라서 조직에 구리가 축적되어 뇌와 간에 손상을 유발하는 윌슨병 환자에게 TM 치료를 한다.

TM 치료가 암 진행을 막는 데 도움이 된다는 파일럿 연구도 있다. 이 내용은 아직 연구 중이며, TM 치료가 작용하는 메커니즘은 아직 정확하게 밝혀지지 않았다. TM과 구리의 결합은 암 진행과 구리 의존성 효소에 의존하는 염증 반응을 억제하는 것으로 보인다.

보충제 섭취

다양한 음식을 섭취하는 건강한 성인은 몰리브덴 보충제를 복용할 필요가 없다. 몰리브덴의 상한섭취량은 500~600mcg이다.

곁가지 정보

1953년 인간의 건강에 몰리브덴이 필수적인 영양소임이 밝혀진 이래, 이 광물의 다른 기능을 확인하는 데 18년이 걸렸다.

결핍

건강한 사람이 결핍된 경우에 대한 보고는 없다.

무기질 팁

몰리브덴은 소변으로 빠르게 배설되기 때문에 많이 섭취해도 문제가 되지 않는다.

부엌에서
동부콩 볼

말린 동부콩 454g을 적어도 6시간 물에 불린다. 불린 동부콩을 건진 다음 헹궈 큰 냄비에 닭고기 육수나 채소 육수 6컵와 함께 넣는다. 뚜껑을 덮고 콩이 부드러워질 때까지 45분간 끓인다. 먹기 전에 삶은 그린빈을 잘라 넣고 잘 섞는다.

[셀레늄]

항산화 무기질

권장섭취량

남성과 여성	60mcg	수유부(15~18세)	75mcg
임신부(15~18세)	69mcg	수유부(19세~)	70mcg
임신부(19세~)	64mcg		

소량만 필요하다고 해서 셀레늄의 기능이 중요하지 않은 건 아니다.

항산화 무기질

신체의 항산화 기능에 필요하며, 셀레늄의 영양 상태는 일부 만성 질환이 발생할 위험에 영향을 준다고 한다.

다른 필수 미량무기질과 마찬가지로 토양의 셀레늄 함량은 식물성 식품의 셀레늄 함량에 크게 영향을 미친다. 그러나 셀레늄이 풍부한 음식이 너무 많기 때문에 필요량을 섭취하는 것은 어렵지 않다. 흥미롭게도 셀레늄은 황화합물이 있는 식물로 이동하기 때문에 마늘, 브로콜리, 양배추 같은 십자화과 채소에는 다른 식물보다 더 많은 셀레늄이 들어 있다.

급원식품

곡물, 견과류, 씨앗, 해산물, 육류에 셀레늄이 들어 있다. 브라질 너트 1개의 경우, 셀레늄 권장섭취량을 충분히 포함하고 있지만, 브라질 너트 약 28g에는 상한섭취량보다 더 많은 양이 들어 있으므로 주의하도록 한다.

브라질 너트(약 28g, 약 6개)	544mcg
익힌 광어(약 85g)	47mcg
구운 새우(약 85g)	42mcg
구운 햄(약 85g)	42mcg
익힌 강화 마카로니(1컵)	37mcg
구운 칠면조(약 85g)	31mcg
1% 저지방 코티지 치즈(1컵)	20mcg
말린 해바라기 씨(1/4컵)	19mcg
마리나라 소스(1컵)	4mcg
삶은 렌틸콩(1컵)	6mcg

체내에서의 기능

셀레늄은 최소 25개의 셀레노프로틴의 일부이며, 그중 일부는 갑상샘 호르몬, DNA 합성, 항산화 기능과 관련해 중요한 역할을 한다.

이 단백질의 한 종류인 글루타티온 과산화효소는 세포를 손상시키거나 남성의 생식 능력과 정자 생산에 필수적인 활성 산소종을 줄이는 데 도움이 된다. 다른 셀레늄 함유 단백질은 갑상샘 호르몬을 활성 형태로 전환해 갑상샘 기능을 조절하고, 갑상샘은 신진대사와 체온을 조절한다.

체내 셀레늄의 기능은 셀레늄이 질병을 예방하는 데 도움이 될 수 있음을 시사한다. 관찰 연구에 따르면 혈중 셀레늄 수치와 고혈압 위험은 역상관관계임이 밝혀졌다. 셀레늄은 면역에 영향을 줄 수 있으며, 셀레늄 결핍은 만성 염증과 면역 반응 악화와 관련이 있다.

결핍

대부분은 식사로 셀레늄을 충분히 섭취할 수 있으며, 셀레늄 결핍은 드물다. 지속적으로 셀레늄을 부족하게 섭취하면 스트레스에 대한 신체의 감수성을 증가시킬 수 있다.

보충제 섭취

많은 종류의 셀레늄 보충제가 판매되지만, 일반적으로 성인에게는 권장하지 않는다. 셀레늄 독성으로 인해 모발과 손톱의 갈라짐, 피부 발진, 입 냄새, 신경 장애 등의 심각한 부작용이 나타날 수 있다. 식품과 보충제의 셀레늄 상한섭취량은 하루 400mcg다.

곁가지 정보

셀레늄 결핍은 토양의 셀레늄 수치가 낮고 중국의 일부 지역처럼 대부분의 인구가 채식 위주로 식사를 하는 지역에서 높게 나타난다고 한다.

무기질 팁

꼭 브라질 너트를 먹지 않아도 셀레늄 필요량을 쉽게 섭취할 수 있다. 아침 식사로 해바라기 씨를 뿌린 오트밀 한 그릇을 먹고, 간식으로 코티지 치즈를 먹으면 된다.

[아연]

면역 무기질

권장섭취량

남성(19~64세)	10mg	임신부(15~18세)	11.5mg
남성(65세~)	9mg	임신부(19세~)	10.5mg
여성(19~64세)	8mg	수유부(15~18세)	14mg
여성(65세~)	7mg	수유부(19세~)	13mg

전체 생애 주기에서 영양의 중요성으로 보면 아연은 모든 단계에서 중요한 무기질이다.

모든 연령대를 위한 무기질

아연은 건강한 임신, 아동기와 청소년기의 성장·발달, 그리고 특히 노년기의 면역체계 기능에 필요한 무기질이다. 또한 정상적인 후각과 미각을 위해서도 필요하다.

대부분은 식사로 아연을 충분히 섭취하지만 개발도상국에서는 아연 결핍률이 높다. 피트산염은 아연과 결합해 흡수를 억제할 수 있기 때문에 통곡물 등 식물성 식품에 들어 있는 아연은 잘 흡수되지 않는다. 다행히 섭취할 수 있는 아연이 풍부한 식품이 많아 크게 문제되지는 않는다.

급원식품

굴, 견과류, 콩은 아연의 좋은 급원식품이다. 그러나 대부분의 식물성 아연 급원식품은 피트산염을 함유하고 있어, 체내에서 아연을 흡수하지 못할 수 있다. 굴 약 85g은 하루 아연 필요량의 거의 7배다.

튀긴 굴(약 85g)	74mg
익힌 알래스카 킹크랩(약 85g)	6.5mg
익힌 랍스터(약 85g)	3.4mg
베이크드 빈 통조림(1/2컵)	2.9mg
익힌 닭다리(약 85g)	2.4mg
말린 호박씨(약 28g)	2.2mg
생 잣(약 28g)	1.8mg
저지방 과일 요구르트(1컵)	1.7mg
익힌 병아리콩(1/2컵)	1.3mg
스위스 치즈(약 28g)	1.2mg
익힌 완두콩(1/2컵)	0.5mg

체내에서의 기능

아연은 촉매 반응에서 100개 이상의 효소에 관여하고 체내의 3,000개 이상의 단백질에는 아연 결합부위가 있다. 또한 피부를 건강하게 유지하게 하고, 상처가 치유되는 과정을 돕는다. 이때 아연은 세포막을 복구하고, 염증을 낮게 하고 산화 스트레스를 방어하고 흉터 형성을 줄이는 역할을 한다.

임신 중 아연을 충분히 섭취하는 것은 태아 발달을 위해 가장 중요하며, 이 시기의 결핍은 선천적 결함, 성장 지연, 감염의 위험 증가 등으로 나타날 수 있다. 영아, 유아, 청소년은 성장, 발달, 성적 성숙을 위해 적절한 아연이 지속적으로 필요하다.

또한 아연은 면역 기능에도 필요하다. 아연 수치가 낮으면 노화와 관련된 면역력이 저하될 수 있다. 혈중 아연 농도가 낮은 노인은 폐렴에 걸릴 위험이 더 높다. 하지만 노인들의 면역력을 향상시키기 위해 아연 보충제가 필요하다는 근거는 아직 없다.

결핍

아연 결핍의 증세로는 식욕 부진, 성장 부진, 면역력 저하 등이 있다. 심각한 경우에는 탈모, 설사, 성적 성숙 지연, 피부 병변 등이 나타난다. 북미에서 결핍은 드물지만 채식주의자, 비건, 임신부, 수유부, 알코올 중독자 등 일부 특정 집단은 결핍이나 섭취가 부족해 위험할 수 있다.

보충제 섭취

아연은 보충제와 동종요법에 여러 형태로 사용된다. 균형 있는 식사를 한다면 정기적으로 보충제를 섭취할 필요는 없다. 일부 연구에 따르면, 입속에서 녹여 먹는 형태인 아연 로젠지가 일반적인 감기 증세가 지속되는 시간을 줄일 수 있다고 한다. 고용량의 아연 보충제를 장기간 복용하면 구리 결핍이 생길 수 있다. 아연의 상한섭취량은 하루 35mg이다.

곁가지 정보 고기와 생선에는 아연의 흡수를 방해하는 피트산염이 들어 있지 않아, 체내에서의 이용률이 더 높다.

무기질 팁

식물성 식품의 아연은 생물학적 이용률이 제한되어 있기 때문에, 채식주의자와 비건은 아연 권장섭취량의 1.5배를 섭취해야 한다. 아연의 생물학적 이용률을 향상시키려면, 콩, 곡물, 씨앗을 하루 동안 물에 불려서 요리한다. 또한 빵을 선택할 때, 생물학적으로 이용할 수 있는 아연이 더 많이 함유된 이스트를 넣은 빵을 선택하도록 한다.

PART 3
비타민, 무기질과 사람

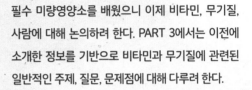

필수 미량영양소를 배웠으니 이제 비타민, 무기질, 사람에 대해 논의하려 한다. PART 3에서는 이전에 소개한 정보를 기반으로 비타민과 무기질에 관련된 일반적인 주제, 질문, 문제점에 대해 다루려 한다.

여기에서는 생애 주기 전반에 걸친 영양학적 요구 사항, 건강 문제, 특별 식단과 관련된 영양소, 계절에 따른 영양에 대한 내용을 소개한다. 색상별로 먹어야 하는 음식들, 가장 영양이 풍부한 음식에 대한 검토, 음식 선택의 품질을 평가하는 데 도움이 되는 예시 식단 등을 담았다. 비타민과 무기질 외 일반적인 보충제에 대한 용어를 소개하고, 관심 있는 주제인 항산화제에 대해서도 소개한다. 비타민 D 보충제가 과대광고인지, 종합 비타민을 복용할 가치가 있는지 궁금하다면 바로 다음 페이지에서 답을 찾아보자.

곁가지 정보

종합비타민과 무기질 보충제는
1940년에 처음 출시되었으며, 오늘날
미국인 3명 중 1명이 복용하고 있다.

[비타민과 무기질]

이 책에 소개된 비타민과 무기질을 읽어 보면 많은 역할이 서로 연결되어 있다는 것을 알 수 있을 것이다. 특정 영양소를 너무 많이 섭취하거나 너무 적게 섭취하면 다른 영양소의 기능을 방해할 수 있으며, 여러 비타민이나 무기질의 결핍이 동시에 발생할 수 있다. 가장 잘 알려진 세 가지 영양소 조합과 이들이 함께 작용해 신체를 건강하게 유지하는 방법을 소개한다.

비타민 D와 칼슘

이 두 가지 영양소가 우유와 유제품에 항상 함께 있는 이유가 있다. 비타민 D가 없으면 체내에서 칼슘을 적절하게 조절할 수 없다. 비타민 D는 혈중 칼슘 수치가 너무 낮을 때 신호를 보내는 역할을 한다. 즉, 이 신호는 장내 음식에서 칼슘을 더 흡수하게 하고, 신장에서 칼슘을 재흡수하도록 하며, 뼈에서 칼슘을 혈액으로 방출하게 한다(20, 74쪽 참고).

결국 비타민 D 결핍은 뼈의 건강에 부정적인 영향을 미친다. 섭취한 칼슘의 흡수를 촉진할 수 있는 충분한 비타민 D가 체내에 없다면, 우리의 신체는 칼슘 수치를 유지하기보다는 뼈에서 칼슘을 방출해 오히려 뼈를 파괴하는 방법을 택하게 된다. 심한 경우, 어린이 구루병과 성인 골연화증이 나타날 수 있다. 비타민 D 결핍은 그 정도가 경미하다고 해도 골다공증과 기타 뼈 관련 문제를 일으킬 위험이 있다. 적절한 비타민 D와 칼슘 수치를 유지하려면 19쪽과 73쪽의 목록에 있는 식품을 정기적으로 섭취하자.

비타민 D 강화 우유를 마시면 칼슘을 흡수시키는 데 도움이 된다.

나트륨과 칼륨

가끔 짠 음식을 먹고 나면 속이 더부룩하고 갈증이 느껴지는가? 그 이유는 당신의 몸에서 나트륨이 작용하기 때문이다. 전해질은 모두 함께 작용하며, 특히 나트륨과 칼륨은 혈압 유지와 관련해 매우 밀접하게 연결되어 있다(88쪽과 92쪽 참고).

짠 음식을 많이 섭취하면 신체는 혈액 내 적절한 나트륨 수준을 유지하기 위해 수분을 보유하려 한다. 이때 혈압이 올라가는데, 이러한 나트륨의 영향은 적절하게 칼륨을 섭취해 상쇄할 수 있다. 칼륨이 풍부한 음식을 많이 섭취하면, 소변으로 나트륨을 배출하도록 촉진해 혈압을 낮추는 데 도움이 된다. 칼륨 필요량을 충분히 섭취하면서, 나트륨 섭취량은 하루 권장량 이하로 유지하면 혈압을 건강하게 유지할 수 있다.

구운 생선이나 염장한 생선은 칼륨이 풍부한 토마토 샐러드와 함께 곁들이면 좋다.

비타민 B6, 비타민 B12, 엽산

엽산, 비타민 B6, 비타민 B12가 동시에 작용하면 특정 만성 질환을 예방하는 데 도움이 된다. 이 세 가지 비타민은 함께 혈액 내 아미노산 호모시스테인 수치를 조절한다. 체내에서 이 비타민이 충분하지 않으면 호모시스테인이 제대로 조절되지 않아 혈액에 축적될 수 있다. 호모시스테인 수치가 높을 경우, 이는 심장병, 치매, 뇌졸중, 골다공증과 관련이 있다. 즉, 음식으로 비타민 B를 충분히 섭취하는 것은 이러한 질병을 예방하는 데 중요하다.

그러나 비타민 B6, B12, 엽산 보충제를 복용했을 때에는 엇갈린 연구 결과를 보여준다. 일부 연구에 따르면 이러한 보충제가 혈중 호모시스테인 수치를 낮추는 데 도움이 되지만 항상 질병이 생길 위험을 감소시키는 것은 아니다. 사실 아직 더 많은 연구가 필요하다. 명확한 연구 결과가 나올 때까지, 체내에서 세 가지 영양소의 다른 기능이 잘 지원되도록 비타민 B가 풍부한 음식을 섭취하도록 하자.

후무스* 1인분에는 비타민 B6이 필요한 양만큼 들어 있다.

* 병아리콩을 삶아 곱게 간 것을 참기름으로 조미한 것.

[무지개를 먹자]

색이 다양한 음식은 보기도 좋지만, 많은 영양소가 들어 있다는 증거이기도 하다! 색이 같은 음식보다 색이 다양한 음식을 섭취하는 것은, 다양한 비타민과 무기질을 섭취하고 하루 필요량을 충족할 수 있는 좋은 방법이다.

색으로 음식의 영양학적 특징에 대한 많은 것을 파악할 수 있다. 사실 일부 영양소는 농산물 시장이나 농산물 코너를 둘러볼 때 보이는 색과 관련이 있다. 15쪽에서 논의된 프로비타민 A 카로티노이드인 베타카로틴은 겨울 호박, 당근, 살구, 고구마, 멜론에 있는 붉은 오렌지색 색소다. 게다가 색이 같은 음식들은 들어 있는 비타민과 무기질이 비슷할 수 있으며 유익한 화합물도 같은 종류가 들어 있을 수 있다.

빨간색

아래 나열한 많은 음식들은 비타민 A, 비타민 C, 비타민 K가 풍부하고 엽산과 칼륨도 들어 있다. 크랜베리에는 구리, 무는 리보플라빈, 대황에는 비타민 K1이 들어 있다.

토마토, 비트, 무, 라즈베리, 크랜베리, 체리, 고추, 빨간 피망, 대황, 수박, 석류, 빨간 강낭콩

주황색과 노란색

당근, 감귤과 같은 주요 주황색·노랑색 식물 중 일부에는 비타민 C와 베타카로틴이 들어 있다. 파인애플에는 망간, 오렌지에는 칼슘이 들어 있다.

당근, 호박, 오렌지, 레몬, 감, 망고, 사탕옥수수, 파인애플, 복숭아, 멜론

초록색

녹색 채소에는 엽산, 비타민 A, 비타민 C, 비타민 E, 비타민 K, 마그네슘, 칼슘, 철분이 들어 있다. 겨자잎은 비타민 B6, 청포도는 비타민 K1의 급원식품이다.

시금치, 케일, 콜라드 그린, 근대, 겨자잎, 아루굴라, 청경채, 브로콜리, 방울 양배추, 키위, 녹색 렌틸콩, 청사과, 청포도, 아스파라거스, 리마 빈, 누에콩, 그린빈, 풋콩, 완두콩

파란색과 보라색

파란색·보라색 과일과 채소에는 비타민 A, 비타민 C, 엽산, 콜린, 칼륨, 인, 구리가 들어 있다. 가지에는 소량의 망간과 니아신이 들어 있으며, 적색 치커리에는 구리가 풍부하다.

적양배추, 가지, 블루베리, 무화과, 자색 콜리플라워, 자두, 자색당근, 블랙베리, 적포도, 적색 치커리

흰색과 황갈색

많은 견과류, 채소, 유제품, 곡물, 그리고 콩들이 흰색이나 황갈색을 띠고 있기 때문에 이 그룹 식품이 가장 다양하다. 아연, 철, 구리, 비타민 B를 함유한 콩과 곡물, 마그네슘과 비타민 E까지 다량으로 들어 있는 견과류와 씨앗, 칼슘과 비타민 D가 풍부한 유제품, 셀레늄, 비타민 C, 비타민 K를 함유한 흰색 채소가 있다.

흰콩, 양파, 마늘, 병아리콩, 샬롯, 동부콩, 핀토빈, 현미, 파스닙, 퀴노아, 아몬드, 버섯, 해바라기씨, 헤이즐넛, 호두, 바나나, 콜리플라워, 흰색 살구

건강에 좋은 색소

필수 비타민과 무기질은 아니지만 과일과 채소에는 건강을 증진시켜주는 색소가 많다. 리코펜은 토마토, 수박, 파파야에 들어 있는 붉은 색소로 심장 건강을 향상시킨다. 베타레인은 비트의 색과 항소염성을 담당하는 짙은 빨간색 화합물이다(비트를 먹은 후, 소변이 분홍색으로 변하는 이유다). 양배추, 블루베리, 크랜베리, 가지 등의 빨간색, 보라색, 파란색 식물에 들어 있는 안토시아닌은 항산화제 역할을 한다.

더 건강하게 먹는 방법

- 가능하면 매일 각 색상별로 하나씩 먹는다.
- 각 색상의 식품군에서 골고루 선택해 먹는다.
- 식사 시 한두 가지 색상만 계속 먹지 않는다.

[영양이 풍부한 식품]

식품을 특정 영양소의 "좋은 급원식품"이라 일반적으로 말하지만, 단 하나의 영양소만 포함한 식품은 없다. 대부분 다양한 비타민과 무기질을 포함하고 있다. 믿을 수 없을 정도로 영양가가 높고 한 번에 여러 영양소를 섭취할 수 있는 식품들을 아래에 소개한다.

렌틸콩

콩류에는 많은 영양소가 들어 있으며, 렌틸콩은 가장 영양가가 높은 식품이다. 인, 구리, 망간, 티아민 외에도 엽산과 철이 풍부하게 들어 있다.

호박씨

호박씨는 작지만 강하다! 철, 아연, 칼슘, 마그네슘, 구리, 셀레늄이 작은 호박씨에 들어 있다.

연어

연어는 몇 안 되는 비타민 D의 급원식품이다. 비타민 B12, 칼륨, 셀레늄, 비타민 B12 등의 비타민 B군이 다량 들어 있다.

달걀

달걀은 노른자와 흰자에 비타민과 무기질이 다량 농축되어 있기 때문에 보통 지구상에서 가장 영양가가 높은 식품이라고 말하기도 한다. 리보플라빈, 셀레늄, 콜린, 비오틴, 비타민 D, 비타민 B12가 포함되어 있다.

내장 고기

간 등의 내장 고기를 빼고 영양이 풍부한 식품을 논하기란 어렵다. 특히 소간은 극도로 농축된 영양소가 있으며, 비타민 A, 비타민 B12, 구리의 급원식품이다. 간을 먹기 힘들다면, 다른 영양이 풍부한 식품을 먹으면 되므로 괜찮다.

감자

감자는 탄수화물이 많이 들어 있기 때문에 평판이 좋지 않지만, 믿을 수 없을 정도로 영양가가 높다. 껍질이 있는 감자에는 칼륨, 구리, 철, 마그네슘, 망간, 비타민 C, 비타민 B가 들어 있다. 고구마는 감자와 동일한 영양소 외에도 프로비타민 A 카로티노이드와 비타민 E가 들어 있다.

브로콜리

다량의 비타민 C, 비타민 K, 엽산, 칼륨, 칼슘이 들어 있으며 영양가가 매우 높은 채소다.

겨울 호박

겨울 호박의 과육이 밝은 색인 이유는 베타카로틴이 많이 들어 있기 때문이다. 이 외에도 호박에는 비타민 C, 비타민 B, 칼륨, 마그네슘, 철, 망간이 들어 있다. 다양한 겨울 호박이 이 책에서 특정 영양소의 좋은 급원식품으로 소개되었다. 품종이 다르더라도 겨울 호박은 비타민 A, 비타민 C, 칼륨, 마그네슘 등의 특정 영양소가 비슷한 양으로 들어 있다.

베리류

딸기, 블랙베리, 블루베리, 라즈베리에는 수많은 미량영양소가 들어 있다. 딸기는 비타민 C, 엽산, 칼륨이 풍부하다. 블루베리와 블랙베리에는 비타민 C, 비타민 K, 망간이 들어 있으며, 라즈베리는 블루베리와 동일한 영양소 외에도 비오틴을 많이 포함하고 있다.

종합 비타민을 복용할 가치가 있는가?

연구자료에 따르면 종합 비타민 복용 시 장점은 그리 없어 보이며, 오히려 장점에 상반되는 증거들을 제시하고 있다. 결과적으로 알약으로 비타민을 복용하는 것보다 영양가가 있는 다양한 음식으로 영양소를 섭취하는 것이 더 좋은 방법인 것으로 보인다. 결핍이 있는 경우 일반적으로 의사의 권장사항에 따라 특정 영양소를 보충하는 것이 좋다. 특별 식이요법을 하는 사람들, 노인, 임신부, 수유부들에게는 보충제가 도움이 될 수 있다. 종합 비타민의 영양소의 양은 해를 끼치지 않고, 식사에서 부족한 영양을 채우는 데 도움이 될 수 있지만, 종합 비타민의 이점에 대한 근거자료는 많지 않다.

[항산화제]

식품 포장, 보충제, 미용 크림 등의 여러 제품에서 "항산화제"라는 용어를 본 적이 있을 것이다. 항산화 성분을 내세우는 탄산음료, 에너지 음료, 스낵바도 있다. 그래서 많은 사람들은 항산화제를 질병과 싸우는 물질로 생각해 섭취량을 더 늘려야 한다고 생각한다. 모든 과대광고의 내용이 정당할까?

항산화제란?

항산화제는 활성산소라 하는 반응성 분자로 인한 산화 손상으로부터 신체를 보호하는 화합물이다. 활성산소가 모두 나쁜 것은 아니며, 신체의 특정 기능에 필요하기도 하다. 그러나 대기 오염, 담배 연기, 알코올, 특정 약물, 자외선, 튀긴 음식에 노출되어 활성산소가 너무 많이 형성되면 신체는 산화 스트레스 상태에 빠지게 된다. 활성산소가 항산화제보다 더 많은 상태로 시간이 지나면서 이로 인해 신체가 손상되면 심장 질환, 특정 암과 당뇨병의 위험이 증가할 수 있다.

신체에는 활성산소로부터 보호하기 위한 자체 항산화 시스템이 있지만, 식품을 통해서도 항산화제를 섭취할 수 있다. 비타민 C, 비타민 E, 베타카로틴(프로비타민 A 카로티노이드), 셀레늄, 구리, 아연은 항산화 특성이 있으며, 이러한 영양소가 풍부한 식품은 질병을 예방하는 것으로 본다. 리코펜, 루테인, 제아잔틴 등의 카로티노이드와 안토시아닌, 플라바놀, 퀘르세틴, 카테킨은 항산화제로도 작용할 수 있는 화합물이다. 각 영양소는 체내에서 고유의 역할을 하며 항산화제는 식품의 다른 영양소와 화합물과 함께 작용한다. 따라서 보충제 형태의 항산화제를 단독으로 섭취하거나 분리된 영양소가 고용량 함유된 제품을 섭취하는 것은 동일한 효과를 기대하기 어렵다.

붉은 렌틸콩은 셀레늄과 베타카로틴의 급원식품이다.

다시 말해 보충제보다 다양한 식품으로 항산화 작용이 있는 영양소를 섭취하는 것이 가장 좋다. 항산화제가 풍부한 과일, 채소, 콩류를 섭취하는 것이, 건강과 수명에 좋은 영향을 미치고, 질병이 발생할 위험을 낮춘다는 연구가 있다. 반면, 항산화 보충제의 효과에 대해서는 식품의 항산화제와 같은 이점이 있다는 근거자료가 부족하다. 사실 고용량의 항산화제는 실제로 몸에 해로울 수 있으며, 의료용 외에는 권장하지 않는다.

자연 항산화제 섭취 늘리기

자연적으로 존재하는 항산화제의 훌륭한 급원식품이 많기 때문에 값비싼 보충제와 제품에 돈을 낭비할 필요 없다. 항산화제가 풍부한 최고의 음식을 즐겨보자!

- **비타민 C:** 오렌지, 자몽, 키위, 파파야, 브로콜리

- **비타민 E:** 올리브 오일, 아보카도, 밀배아, 해바라기 씨

- **베타카로틴:** 멜론과 다양한 겨울 호박(버터넛, 도토리, 카보차)

- **셀레늄:** 브라질 너트, 새우, 칠면조, 렌틸콩

- **구리:** 굴, 표고버섯, 캐슈넛

- **아연:** 굴, 게, 랍스터 같은 갑각류

- **리코펜*:** 토마토, 수박

- **루테인과 제아잔틴**:** 녹색잎 채소와 달걀 노른자

- **퀘르세틴:** 양파

* 리코펜은 카로티노이드의 일종이다.
** 루테인과 제아잔틴은 카로티노이드의 일종이다.

[비타민 외의 보충제]

이 책에서는 비타민과 무기질에 관해 다뤘지만 몇 가지 다른 보충제를 언급할 필요가 있다. 앞부분에서 보충제를 복용해야 하는 특별한 이유가 없다면 알약 대신 식품으로 필요한 영양소를 섭취하는 것이 더 낫다는 사실을 확인했다. 그러나 오메가-3, 멜라토닌, 세인트존스워트와 같은 비타민과 무기질이 아닌 보충제도 같을까?

다음은 일반적으로 사용 가능한 보충제에 대한 용어설명과 관련 연구 결과다. 새로운 보충제를 복용하기 전에 건강 관련 전문가와 상의해 안전하고 이로운지 확인하도록 한다.

오메가-3 지방산

어유는 오메가-3 지방산의 훌륭한 급원식품이다. 오메가-3 지방산은 세포막을 구성하는 필수 영양소이자, 체내에서 항염 효과가 있으며, 건강한 신경발달을 위해 필요하다. 현재 지방이 많은 생선을 주 2회 섭취할 것을 권장하지만 많은 사람들이 이 권장사항을 따르지 못하기 때문에 지방산을 충분히 섭취하지 못한다. 식물성 급원식품으로는 호두, 치아시드, 아마씨가 있지만, 식물의 오메가-3는 일반적으로 생선의 오메가-3만큼 잘 흡수되지 않는다.

오메가-3 섭취가 부족하면 인지 저하, 신경정신과적 장애, 심장 질환 등의 기타 문제가 나타날 수 있다. 그러나 어유 보충제가 이러한 상태를 예방하거나 관리하는 데 도움이 되는지는 확실하지 않다. 보충제의 가장 긍정적인 효과는 심장병과 관련이 있는 것으로 보인다. 일부 연구에서 오메가-3 보충제가 높은 트리글리세리드 수치와 심장 질환으로 인한 사망을 줄이는 데 도움이 된다고 한다. 하지만 또 다른 연구에서는 보충제가 인지 저하와 같은 문제에 도움이 되는지 아직 확실하지 않은 것으로 밝혀졌다. 결론적으로 어유 보충제는 일반적으로 심장 질환 위험이 낮고, 생선과 식물성 오메가-3 급원식품이 포함된 균형 있는 식사를 하는 건강한 사람들에게는 필요 없다.

아답토젠

아답토젠(Adaptogen)은 몸이 스트레스에 "적응"하고 피로를 줄이는 데 도움이 되는 약초다. 아슈와간다의 스트레스를 줄이는 기능, 미국 인삼의 기억력 향상 효과 등에 관한 연구가 있다. 다른 아답토젠으로는 구기자, 감초, 툴시(홀리 바질), 홍경천, 황기가 있으며, 각 고유한 효과가 있다. 예를 들면, 활력을 주거나 진정효과가 있다. 일반적으로 안전하다고 보지만 적절한 용량을 단기간만 복용해야 한다. 일부 아답토젠과 약물 간의 상호 작용으로 인해 부작용이 생길 우려가 있기 때문이다. 필요에 따라 아답토젠과 약물을 동시에 복용할 수도 있지만, 상호 작용에 대해 자세히 알아보고 의료 전문가와 꼭 상의를 한 후에만 먹어야 한다.

플라보노이드

플라보노이드는 채소, 과일, 차, 와인, 커피, 초콜릿 등에서 발견되는 화합물이다. 체내에서 항산화 효과가 있으며, 식품으로 플라보노이드를 섭취하면 심장 건강에 도움이 되고, 제2형 당뇨병이 생길 위험이 낮아지며, 항암 효과가 있다. 그러나 항산화제(140~141쪽 참고)와 유사하게 플라보노이드 보충제는 플라보노이드가 풍부한 식품과 동일하게 작용하지 않을 수 있다. 다양한 식물성 식품을 꾸준히 섭취하는 것이 좋다.

프로바이오틱스

프로바이오틱스는 장에서 소화가 잘되도록 돕고, 장을 건강하게 하는 좋은 박테리아다. 다양한 건강 문제를 해결할 수 있는 특별한 프로바이오틱스 균주가 많다. "좋은" 프로바이오틱스가 덜 친화적인 미생물보다 수적으로 열세이면 장내 세균의 균형이 깨진다. 이는 비만, 제2형 당뇨병, 심장병, 대장암, 우울증으로 이어질 수 있다. 그러나 프로바이오틱스 보충제로 이러한 질병을 해결하기 위한 연구는 여전히 부족하다. 우려할 만한 사항이 있는 경우에는 프로바이오틱스를 섭취하기 전에 의료 전문가와 상의해 어떤 균주가 가장 적합한지 확인하도록 한다. 건강한 성인은 요구르트, 케피어, 김치, 콤부차와 같은 식품으로 프로바이오틱스를 많이 섭취할 수 있다.

석류 콤부차

멜라토닌

멜라토닌은 숙면을 돕는 호르몬이다. 몸은 자연적으로 멜라토닌을 생성하지만 보충제로 섭취하기도 한다. 현재 연구에 따르면 멜라토닌 보충제는 수면 장애가 있는 사람들이 쉽게 잠들고 시차를 줄이도록 도와준다고 한다. 일반적으로 멜라토닌은 안전하다고 보지만, 다른 건강 문제로 약을 복용하고 있다면 멜라토닌 복용은 의료 전문가와 상담하도록 한다. 공인기관에서 품질 테스트를 거친 검증된 브랜드를 찾고, 표기사항에 적힌 복용법을 확인하고, 적절한 양을 섭취하도록 한다.

표기사항 확인

미국 식품의약국은 보충제를 의약품처럼 엄격하게 규제하지 않으며 시장에 출시된 보충제는 순도, 안정성, 효과를 검사할 필요가 없다. 고품질의 보충제를 선택하려면 공인기관에서 검증한 브랜드를 찾도록 한다. 이런 종류의 검사는 일반적으로 보충제 표기사항에 적혀 있으며 NSF International, NSF Certified for Sport, United States Pharmacopeia (USP), Informed-Choice, ConsumerLab, or the Banned Substances Control Group (BSCG) 로고로 표시되어 있다.*

홍차와 녹차는 자연적인 플라보노이드의 좋은 급원식품이다.

* 우리나라에서는 식품의약품안전처에서 인증하고 있다. 식품의약품안전처에서는 과학적 근거가 있는 원료를 기능성 원료로 인정하고, 건강기능식품은 이러한 원료를 가지고 만든 제품이다. 또한 식품의약품안전처에서는 기능성 원료가 포함된 제품이 기능성이 확보되도록 기준규격으로 관리하고 있다. 따라서 건강기능식품의 표지에 표시된 '영양기능정보'를 확인하면 식품의약품안전처에서 평가된 기능성 내용을 확인할 수 있다. 제품에 '건강기능식품'이라는 표시 또는 건강기능식품 마크가 있는지 확인한다.

콜라겐

콜라겐은 체내에서 가장 풍부한 단백질이며 피부, 뼈, 결합 조직, 관절을 보호하는 연골의 구조를 형성한다. 그래서 콜라겐 보충제는 매끄러운 피부, 강한 근육, 골량 증가, 관절 통증, 관절염 개선과 관련이 있는 것처럼 보인다.

일부 연구에서 콜라겐 보충제를 섭취하거나 뼈를 우린 육수, 가금류 껍질, 젤라틴으로 콜라겐 섭취량을 늘렸을 경우, 콜라겐이 도움이 된다고 하나, 아직은 확실히 입증되지 않은 내용이다. 콜라겐을 섭취하면 체내에서 어떻게 작용하는지에 대해서는 여전히 논쟁이 있다. 콜라겐은 다른 단백질과 마찬가지로 아미노산으로 분해되어 체내에서 필요한 단백질로 다시 구성된다. 따라서 콜라겐 보충제를 섭취한다고 해서 체내의 콜라겐 수치가 반드시 증가하는 것은 아니다. 콜라겐이 도움이 되는지 확인하기 위해 일정 기간 동안 콜라겐 보충제를 복용할지 고려하고 있는가. 현재 연구에 따르면 콜라겐 보충제는 다행히도 일반적으로 안전하다고 한다. 가장 일반적인 보충제 형태는 음료, 수프 등의 요리와 섞을 수 있는 콜라겐 펩타이드 분말 형태다.

코엔자임 Q10

코엔자임 Q10(CoQ10)은 세포의 미토콘드리아에 있는 화합물로 세포의 에너지 생성을 돕고 항산화제 역할을 한다. 코엔자임 Q10은 체내에서 생산하지만 나이가 들면서 생산량이 감소한다. 당뇨병, 심장병, 일부 암이 있는 경우 코엔자임 Q10 수치가 낮을 수 있지만 코엔자임 Q10 결핍이 특정 건강 문제를 일으키거나 병을 발생시키는지는 확실하지 않다.

코엔자임 Q10을 보충하면 제2형 당뇨병 환자의 혈당 조절이 개선되고, 편두통의 빈도와 중증도가 감소하고, 천식과 관련된 염증이 감소하고, 운동 능력이 향상될 수 있다. 코엔자임 Q10 보충제는 정자와 난자의 질을 개선해 생식 능력을 향상시키는 데도 도움이 된다고 한다. 코엔자임 Q10이 가장 잘 흡수되는 형태는 유비퀴놀이지만, 내장 고기, 지방이 많은 생선, 오렌지, 딸기, 콜리플라워, 렌틸콩 같은 식품의 코엔자임 Q10도 잘 흡수된다. 코엔자임 Q10 보충제는 보고된 부작용이 거의 없으며 내약성과 안정성이 좋은 것으로 보인다. 그래도 인증된 회사의 제품을 구입하는 것이 좋다.

국소 보충제 vs. 경구 보충제

일부 보충제는 알약으로 복용할 때와 국소적으로 바를 때 다른 효과가 있다. 코엔자임 Q10, 비타민 C, 콜라겐은 주름을 줄이고 피부를 개선하기 위해 얼굴에 바르는 로션에 주로 들어 있다. 이러한 제품의 효과에 대한 연구는 많지 않지만 피부과 의사는 피부가 콜라겐을 흡수할 수 없다고 말한다. 콜라겐을 사용해서 피부에 좋은 영향을 받았다면, 크림보다 보충제를 복용한 결과일 가능성이 크다. 코엔자임 Q10이나 비타민 C 세럼이 효과가 있는지는 아직 연구 중이지만 일부 연구에서는 시간이 지나면서 피부가 개선될 수 있다고 한다.

홍국 추출물

발효 쌀의 한 종류인 홍국은 콜레스테롤 수치가 높은 사람들에게 "자연" 치료법으로 사용할 수 있는 재료로 본다. 콜레스테롤 저하제인 로바스타틴과 동일한 활성 성분이자 화합물인 모나콜린 K가 들어 있기 때문이다. 과학 실험에 따르면 홍국 보충제는 전체 콜레스테롤 수치와 "나쁜" LDL 콜레스테롤 수치를 낮춘다고 한다. 다만 홍국 제품의 모나콜리 K의 함량은 매우 다양하다. 미국 식품의약국은 로바스타틴과 거의 비슷한 성분이 충분히 들어 있는 홍국 보충제의 판매를 금지했다. 그 이유는 의약품과 동일한 승인 절차를 거치지 않았기 때문이다. 홍국은 고지혈증에 처방되는 스타틴의 부작용인 팽만감과 가스, 간 손상, 근육 손상 같은 부작용이 나타날 수 있다. 2014년 홍국 보충제의 분석 자료에 따르면 일부 제품에 홍국을 재배하는 동안 형성되는 신장을 손상시킬 수 있는 화합물이 포함되어 있다고 한다. 규제가 없고 잠재적인 부작용이 있으므로 처방약인 콜레스테롤 저하제 대신 먹거나 함께 먹는 것을 고려한다면, 의사와 상담하는 것이 중요하다.

세인트존스워트

노란색 꽃이 피어 있는 관목에서 추출한 세인트존스워트는 일반적으로 우울증 치료제로 사용한다. 여러 연구에 따르면 경증에서 중증까지 우울증에 쓰는 항우울제만큼 효과적이라고 하지만, 항우울제 의약품과 함께 사용하는 것은 권장하지 않는다.

세인트존스워트는 여러 약물의 효과를 떨어뜨리거나 위험한 부작용을 일으킬 수 있다. 여기에는 알프라졸람 같은 불안 증세를 완화시키는 약물, HIV 약물, 피임약, 항응고제, 스타틴, 장기 이식 약물, 항발작제 등의 약물이 해당된다. 미국 식품의약국은 세인트존스워트를 의약품처럼 규제하지 않기 때문에 보충제의 함량과 순도의 변동 폭이 넓다. 특히 다른 약을 복용하는 경우, 세인트존스워트를 먹기 전에 의사와 상의하도록 한다.

[영양과 건강]

"음식은 보약이다"라는 말은 건강과 질병 관련해 영양이 얼마나 중요한지를 알려준다. 영양이 부족하면 고혈압, 제2형 당뇨병, 심장병 등 만성 질환에 걸릴 위험이 증가한다. 영양 상태가 좋아지면 이러한 상태를 예방하고 관리하는 데 도움이 된다. 식단을 변경해 개선할 수 있는 만성 질환 환자인 경우, 공인 전문 영양사와 협력하는 것을 고려해보자. 영양사가 식단을 평가하고 현재 건강 상태를 관리하는 데 필요한 실용적인 팁도 알려줄 것이다.

여기에서는 미량영양소가 질병의 영양 관리에서 어떤 역할을 하는지를 알려주기 위해 특정 조건의 비타민과 무기질에 대해 간략하게 소개한다. 영양사와 기타 의료 전문인은 비타민과 무기질 외 식이요법과 생활 방식의 여러 요소를 고려해 개인에게 맞는 권장사항을 만들 수 있다.

골다공증이 있는 사람들은 비타민 D 강화 우유를 마시면 좋다.

고혈압

87쪽과 91쪽에서 논의한 것처럼, 고혈압에 대한 두 가지 주요 식이요법은 나트륨 섭취를 줄이면서 칼륨의 섭취를 늘리는 것이다. 나트륨 섭취를 줄이는 방법은 92쪽의 팁을 확인하도록 한다. 칼륨 섭취를 늘리려면 87쪽의 칼륨 급원식품을 확인한다.

염증성 장질환

크론병이나 염증성 장질환(IBD: Inflammatory Bowel Disease)이 있는 경우, 흡수 장애, 섭취 부족, 손실 증가로 인해 미량영양소가 결핍될 위험이 더 높다. 특히 우려되는 미량영양소는 칼슘, 비타민 D, 비타민 B12, 철, 아연, 마그네슘이다. 의사의 평가와 권고에 따라 염증성 장질환 환자는 특정 비타민과 무기질 섭취를 늘리거나 보충해야 한다.

신장 질환

신장 질환이 진행된 경우, 칼륨과 인 같은 특정 미량영양소를 섭취하는 데 주의해야 한다. 신장 기능이 손상되면 체내에서 이 영양소를 제거하는 것이 더 어려워져 혈중 농도가 높아지고 위험해질 수 있다. 간단하게 칼륨이 많은 제품을 적은 제품으로 대체하면 된다. 예를 들면, 레이즌을 크랜베리로, 시금치를 그린빈으로, 으깬 감자를 으깬 콜리플라워로 대체할 수 있다. 또한 요구르트, 우유, 유제품, 색이 짙은 탄산음료, 견과류, 브랜 시리얼과 같은 인이 많이 든 제품을 주의해야 한다.

골다공증

칼슘과 비타민 D는 뼈 건강에 중요한 영양소지만 마그네슘, 칼륨, 비타민 C, 비타민 K도 뼈를 튼튼하게 유지하는 데 도움이 되는 영양소다. 골다공증이 있는 경우 이 영양소가 들어 있는 다양한 식품으로 식사를 구성하도록 한다. 강화 유제품은 칼슘과 비타민 D의 좋은 급원식품이다. 식물성 칼슘으로는 아몬드, 청경채, 콜라드 그린, 치아시드가 있다. 말린 자두는 칼륨과 마그네슘이 들어 있어 뼈에 좋은 식품이며, 브로콜리는 비타민 C와 비타민 K의 좋은 급원식품이다.

청경채 같은 녹색잎 채소에는 비타민 K가 들어 있다.

[특별 식단]

개인적인 이유나 건강상의 이유로 특별 식단이 필요한 경우, 특정 영양소의 권장섭취량을 충족시키기 위해 더 많은 주의를 기울일 필요가 있다. 전체 식품군을 제한하는 식습관은 비타민과 무기질을 충분히 섭취하지 못할 수도 있다. 다음은 대표적인 식단에서 우려되는 영양소에 대한 설명이다.

채식주의자와 비건 식단

달걀과 유제품을 먹는 락토 오보 채식주의자는 일반적으로 필요한 영양소를 충족하는 데 문제가 없다. 동물성 식품을 거의 먹지 않는 채식주의자와 모든 동물성 식품을 피하는 비건은 영양이 결핍되기 쉽다. 강화 제품 등 다양한 식품을 포함하지 않는 채식주의자와 비건의 식단은 비타민 B12, 비타민 D, 철, 아연, 칼슘이 부족할 수 있다.

133쪽과 129쪽에서 설명한 것처럼, 식물성 철과 아연은 동물성보다 잘 흡수되지 않는다. 비타민 B12는 동물성 식품에만 자연적으로 존재하므로 강화 식물성 식품이나 보충제로 이 영양소를 충분히 섭취하는 것이 중요하다. 다행히 비건을 위한 비타민 B12 등 영양소 보충제가 많이 판매되고 있다.

녹색 채소로 만든 채식주의 샐러드

저탄수화물 키토제닉 식사

키토제닉 식단

저탄수화물 고지방의 키토제닉 식단은 일반적으로 탄수화물이 들어 있는 채소, 대부분의 과일, 콩, 통곡물, 우유, 요구르트 같은 일부 유제품을 제한하거나 아예 먹지 않는다. 이러한 식습관은 칼슘, 비타민 C, 비타민 D, 비타민 E, 마그네슘, 인, 칼륨, 나트륨, 비타민 B군의 일부 등 특정 영양소가 부족할 수 있다. 키토제닉 식단을 시작하기 전에 의사와 상담하고 영양사와 상의해 영양 결핍이 최소화된 식단을 준비하는 것이 중요하다.

무화과는 칼슘 급원식품으로 유제품 대신 사용할 수 있다.

데어리 프리 식단

우유와 유제품은 칼슘과 비타민 D의 가장 좋은 급원식품이다. 따라서 유제품을 포함하지 않으면서 다양하게 음식을 섭취하지 않으면 이 중요한 영양소를 충분히 섭취하지 못할 수 있다. 유제품을 섭취하지 않으면서 영양소를 적절하게 섭취하려면, 오렌지 주스, 견과류 우유 같은 비타민 D가 풍부하게 들어 있는 식물성 식품과, 지방이 많은 생선, 달걀노른자를 식단에 넣는다. 녹색잎 채소, 아몬드, 무화과, 치아시드, 황산칼슘으로 만든 두부는 좋은 칼슘 급원식품이다.

글루텐 프리 식단

셀리악병*, 글루텐 불내증이 있는 경우에는 글루텐을 부족하게 섭취하고 흡수율이 낮아 영양이 결핍될 수 있다. 글루텐을 함유한 곡물 제품은 보통 비타민과 무기질이 풍부한 반면, 글루텐이 없는 곡물 제품은 그렇지 않다. 또한 글루텐이 없는 식단은 다양하게 구성하기가 어려워 적절한 양의 비타민과 무기질을 섭취하기 어렵다. 글루텐 프리 식단에서 결핍되기 쉬운 영양소에는 비타민 B(티아민, 리보플라빈, 니아신, 엽산), 철, 칼슘, 아연, 마그네슘, 비타민 B12, 비타민 D가 있다.

* 선천적인 자가면역 질환으로, 글루텐이라는 단백질에 감수성이 생겨서 발생한다. 셀리악병 환자는 글루텐이 위장관에서 면역 반응을 일으켜 소화기관 점막 세포에 염증이 생김으로써 융모가 손상된다.

[제철의 영양]

차가운 눈이 내리고, 봄꽃이 만발하고, 저녁까지 햇살이 비치고 나뭇잎의 색이 변하는 것은 사계절의 전형적인 특징이다. 계절에서 계절로 이어지는 변화와 함께 체내에서 필요한 영양도 변하게 된다. 지리적 위치에 따라 1년 중 다른 시기의 식품을 섭취하는 것을 더 주의해야 할 수도 있다. 특정 기간의 제철 음식이 몸에 필요한 최고의 급원식품인 경우가 많다.

다음은 변하는 계절에 좋은 영양 상태를 유지하는 데 도움이 될 만한 가이드라인이다. 이 책은 추운 계절도 있는 사계절에 맞춘 것으로 일부 제안은 일조량이 풍부하고 온화한 온대 지역에 거주하는 경우에는 적용되지 않을 수도 있다.

가을과 겨울

북위 37도 이상의 지역에 거주하는 경우, 11월부터 3월까지는 체내에서 비타민 D를 충분히 생산하기에 햇빛이 충분하지 않다.

겨울철에 비타민 D를 충분히 섭취하지 못한 상태에서 감기와 독감이 유행하면 면역력에 부정적인 영향을 줄 수 있으므로, 강화 식품과 지방이 많은 생선의 섭취량을 늘리는 것이 중요하다. 면역 건강을 유지하기 위한 다른 중요한 영양소로 비타민 C, 비타민 E, 셀레늄, 베타카로틴, 아연이 있다. 보충제를 섭취하거나 이런 영양소의 섭취를 급격히 늘릴 필요는 없지만, 이 영양소들이 포함된 다양한 식품으로 식사를 구성하는 것이 중요하다. 가을과 겨울이 제철인 호박, 땅콩 호박, 도토리 호박, 델리카타 호박, 카보차 호박 등의 호박류는 베타카로틴과 비타민 C가 풍부하다. 추운 겨울 호박의 밝은 색 과육도 도움이 많이 되지만, 호박씨에도 면역에 필수적인 영양소인 아연이 상당량 들어 있다.

비타민 D에 대한 관심

일부 전문가들은 사람들이 비타민 D에 대한 관심으로 이 영양소를 불필요하게 많이 보충하게 되었다고 우려한다. 비타민 D 보충제를 복용하는 미국인은 1999년과 2014년 사이에 590% 증가했다. 일부 사람들이 생각하는 것처럼 비타민 D 결핍이 일반적인지, 보충제가 실제로 결핍이 없는 건강한 사람에게 유익한지에 대한 논쟁은 계속 진행 중이다. 일부 연구에서는 비타민 D 보충제가 결핍을 낮게 할 수 있지만 골절 위험 증가와 기분 저하 같은 비타민 D의 수치가 낮아서 생기는 문제를 개선하지는 못한다고 한다. 마지막으로 비타민 D 보충제를 과잉 섭취하게 되면, 혈중 칼슘 수치를 높여 메스꺼움, 구토, 변비, 설사, 피로, 잦은 배뇨를 유발할 수 있다.

봄과 여름

봄은 원기를 회복하는 시간으로, 식사의 분위기를 바꾸고 새로운 음식을 즐길 수 있는 계절이다. 날이 따뜻해지고 활동량이 많아지므로 봄의 제철 음식에는 필요한 에너지를 주는 영양소가 들어 있다.

녹색잎 채소, 완두콩, 아티초크 등 봄 채소에는 신체의 에너지 생성을 돕는 비타민 B가 들어 있다. 여름이 시작되고 온도가 상승해 땀을 흘리기 시작하면 더 많은 수분이 필요하다. 다행히 오이, 수박, 주키니, 토마토 등 여름 제철 과일과 채소에는 수분이 많이 들어 있어 하루 수분 섭취량을 채울 수 있다. 여름은 비타민 D의 수치를 높이는 햇빛을 쬐는 시기다. 4월부터 10월까지 일주일에 며칠 동안 가능하면 정오쯤 10~30분 동안 맨 피부로 햇빛을 쬐도록 한다. 피부가 희거나 피부암 위험이 있다면 적절하게 사전에 예방한다.

[생애 주기에 따른 영양]

모든 인간은 평생 동일한 영양소가 필요하며, 여기에는 필수 아미노산, 지방산, 탄수화물과 이 책에서 소개한 비타민과 무기질이 해당된다. PART 1과 PART 2를 읽으면 알 수 있지만, 생애 주기의 일부 단계에서는 필수 영양소의 양이 달라진다.

영양소의 필요량은 임신과 수유 중에 증가하며, 영유아는 종종 성인보다 신체 크기에 비해 영양소가 더 많이 필요하다. 노인은 특정 비타민과 무기질을 더 많이 섭취해야 한다. 다음은 생애 주기 전반에 걸친 영양소 필요량에 대한 내용이다.

임신

임신부는 태아의 성장을 위해 더 많은 칼로리가 필요하며, 특정 비타민과 무기질도 더 많이 필요하다.

주의해야 하는 영양소

임신부는 빠른 세포 분열과 아기의 뇌와 척수 발달에 필요한 비타민인 엽산이 더 필요하다. 임신 중 엽산 결핍은 신경관 결손과 출산에 영향을 준다. 임신부용 비타민에는 임신부에게 필요한 엽산이나 메틸엽산이 포함되어 있다(임신 중에 섭취해야 하는 엽산이 풍부한 식품은 51쪽을 참고).

철분 필요량은 임신 중에 하루 24mg으로 증가한다. 성장하는 태아의 혈액이 산소를 운반하려면 더 많은 철분이 필요하기 때문이다. 더불어 임신 중 칼슘, 아연, 비타민 C, 비타민 D의 필요량을 충족하는 것은 매우 중요하다. 10대 임신부는 아기와 발달 중인 자신의 골격을 위해 더 많은 칼슘이 필요하다. 채식주의 식단과 같이 특정 음식을 제한하는 경우, 보충제가 추가로 필요할 수 있다. 임신 중인 여성은 의료 전문가의 조언에 따라 항상 피해야 할 식품을 확인한다.

아스파라거스는 엽산(비타민 B9)의 좋은 급원식품이다.

수유

모유수유에는 더 많은 칼로리가 필요하며 수유부는 아기의 성장을 위해 다양하고 영양가 있는 식사를 하는 것을 목표로 해야 한다.

주의해야 하는 영양소

수유부는 종합 비타민을 섭취하거나 임신부용 비타민을 계속 섭취하는 것이 좋다. 채식주의자인 경우, 비타민 B12 보충제가 더 많이 필요할 수 있다. 햇빛을 쬐거나 식사로 비타민 D를 충분히 섭취하지 못하는 경우, 비타민 D가 추가로 필요할 수 있다.

성장기 어린이는 칼슘이 풍부한 유제품을 많이 섭취하는 것이 좋다.

유아기

성인과 마찬가지로 성장기 어린이도 다양한 영양소가 포함된 균형 잡힌 식사를 해야 한다. 아이들은 급성장기에는 식욕이 멈추지 않지만. 급성장기 사이에는 오히려 식욕이 평소보다 떨어진다.

주의해야 하는 영양소

칼슘은 신체의 골격이 발달하는 어린 시절에 특히 중요하다. 편식을 하거나 다양한 음식을 먹지 않으면, 아이들에게 필요한 비타민, 무기질, 단백질, 식이섬유를 섭취하기 어려울 수 있다.

영아기

신생아는 칼로리가 많이 필요하므로 정기적으로 수유를 해야 한다. 모유와 영아용 분유는 적절한 칼로리, 단백질, 지방, 탄수화물. 필수 비타민과 무기질이 들어 있는 최고의 영양 공급원이다.

주의해야 하는 영양소

비타민 K 결핍 출혈을 예방하기 위해 모든 아기는 출생 시 비타민 K 주사를 맞는다. 모유수유 중인 아기도 비타민 D 보충제가 필요할 수 있다. 대부분의 전문가들은 아기가 필요에 따라 모유 외 충분한 분유를 먹거나 충분한 비타민 D가 들어 있는 고형 음식을 먹기 시작할 때까지, 하루에 200~400IU(5~10mcg)의 비타민 D를 먹이기를 권장한다.

분유는 비타민 D 강화식품이다.

곁가지 정보

영아기는 생애주기의 다른 어떤 단계보다 단위 체중당 필요한 열량이 가장 많다.

영양소 팁

유아기에는 단맛을 선호하고 쓴맛에는 더 민감한 경향이 있다. 이는 청소년기나 성인이 될 때까지 이어지기도 한다. 어린시절 방울 양배추, 브로콜리, 다크 초콜릿을 싫어했다면 어른이 되어서 다시 한번 시도해보자. 성인은 쓴 음식에 대한 내성이 강해져 좋아할 수 있다. 음식의 쓴 맛을 줄이기 위해 절이거나 굽거나 찌는 등 다양한 조리법으로 요리할 수 있다.

청소년기

성장과 사춘기를 겪는 십대에는 다른 어떤 시기보다 하루에 더 많은 칼로리가 필요하다(영아는 체중에 비해 가장 많은 칼로리가 필요하지만, 성장하는 십대는 가장 많은 하루 칼로리가 필요하다). 영양가 있는 음식을 섭취하는 것은 청소년기에 가장 중요하지만, 십대가 되면 간식, 사탕류, 패스트푸드 등 스스로 음식을 선택할 수 있어 패스트푸드가 영양가 있는 음식보다 우선시되기도 한다.

주의해야 하는 영양소

남자 청소년은 여자 청소년보다 칼로리가 더 많이 필요한 경향이 있으며, 여자 청소년은 생리를 시작해 남자 청소년보다 더 많은 철분이 필요하다. 칼슘과 비타민 D는 이 시기에 건강한 뼈가 형성되는 데 가장 중요한 영양소다.

성인기

청소년기 이후에는 칼로리 필요량이 감소하기 시작한다. 젊은 성인은 직장을 다니면서 식재료를 직접 구매해 집에서 요리를 하거나 먹는 음식을 더 잘 관리할 수 있다. 새로운 환경에서 더 건강한 식생활로 이어지거나, 반대로 배달 음식, 알코올, 카페인 소비가 증가할 수 있다. 영양가 있는 식사를 하는 것은 특히 건강 유지와 질병 예방과 관련해 성인기 내내 중요하다. 젊은 성인의 식습관은 나중에 질병이 발생할 수 있는 위험을 높이거나 낮출 수 있다.

주의해야 하는 영양소

성인은 칼로리와 나트륨 필요량을 초과할 수 있고, 또한 너무 많은 당을 섭취하고 충분한 수분과 섬유질을 섭취하지 못할 수 있다.

노년기

노인은 일반적으로 운동량과 근육량이 적기 때문에 초기 생애 단계에 비해 칼로리가 더 적게 필요하다. 그래도 노년기에도 비슷하거나 특정 미량영양소가 더 많이 필요하다.

주의해야 하는 영양소

노인은 뼈를 건강하게 유지하기 위해 칼슘과 비타민 D가 더 많이 필요하다. 흡수 장애와 기타 문제로 인해 비타민 B12가 더 많이 필요할 수 있다(56쪽 참고). 변비는 노년기에 흔히 발생하므로 물을 충분히 마시고 섬유질을 충분히 섭취하는 것이 중요하다.

비타민 D 강화 우유와 강화 시리얼을 먹으면, 식이섬유를 섭취할 수도 있고 뼈를 건강하게 유지하는 데 도움이 된다.

신중한 보충제 선택

나이가 들수록 보충제에 의존하고 싶은 유혹이 더 커진다. 비타민이나 무기질, 142~145쪽에 설명된 보충제를 복용하기 전에 특정 제품이 필요한지, 그렇다면 왜 필요한지 자문해보길 바란다. 기업의 마케팅으로 특정 약이 기적의 알약이나 필수품인 것처럼 보일 수 있다. 구매하기 전에 반드시 제품과 브랜드를 조사하도록 한다. 표기사항에 적힌 주장을 뒷받침하는 연구가 있는지, 보충제의 효과가 실제로 본인에게 필요하거나 원하는 것인지 따져보아야 한다.

[건강 식단]

지금까지 배운 비타민과 무기질에 대한 지식을 활용해 실천에 옮겨보자. 보충제보다 식품으로 자연적으로 필요한 영양소를 섭취하는 것이 가장 좋으며, 다양한 식품으로 식사를 하면 된다.

다음 페이지에 충분한 비타민과 무기질을 섭취할 수 있는 일주일 식단표가 있다. 식사에 포함시켜야 하는 재료가 잘 보이도록 표기한 건강한 식단 예시는 요일별 아침, 점심, 저녁 식사, 간식으로 나눠져 있다. 식단 예시를 사진으로 찍거나, 일주일 동안 참고할 내용은 표시해 놓도록 한다. 각 영양소의 식물성 공급원과 동물성 공급원을 모두 포함하는 옵션이 있다. 그러나 여기에 포함되지 않았지만, 영양가가 있는 다른 식품이 많다는 것을 알아 두자.

녹색잎 채소, 견과류, 씨앗과 같은 특정 음식을 한주간은 덜 먹고 다음 주에는 더 많이 먹는 경향이 있다면 괜찮다! 적절한 영양은 하루하루를 합친 것으로 보며, 필요한 경우 특정 식품의 섭취를 늘리거나 줄일 수 있는 여지는 항상 있다. 권장섭취량과 충분섭취량과 같은 영양 권장사항은 비타민과 무기질의 하루 필요량에 중점을 두는 경향이 있다. 그러나 정확한 수치를 매일 충족시키는 데 집착할 필요는 없다. 일주일 동안 충분한 영양소를 섭취하는 데 집중하고 7일 분량의 식사를 나눠 먹으면 된다.

건강한 식단

	월요일	화요일	수요일
아침 식사	볶은 버섯과 치즈를 얹은 오믈렛, 오렌지	치아시드와 멜론을 곁들인 그릭 요구르트	통밀 토스트와 아보카도를 곁들인 수란
포함된 필수 비타민과 무기질	비타민 C, 비타민 D, 비타민 B3, 콜린, 칼슘	비타민 A, 비타민 B2, 비타민 C, 칼슘	비타민 D, 비타민 B12, 칼륨, 몰리브덴
점심 식사	칠면조 고기를 곁들인 케일 샐러드	현미, 아보카도, 검정콩, 살사를 넣은 브리또 볼	토마토 스프와 그릴드 치즈 샌드위치
포함된 필수 비타민과 무기질	비타민 A, 비타민 K, 비타민 B6, 비타민 B12, 크롬	비타민 E, 비타민 B3, 비타민 B5, 비타민 B9, 마그네슘	비타민 A, 칼슘, 칼륨
저녁 식사	연어, 구운 감자, 아스파라거스	닭가슴살, 볶은 시금치, 버터 파스타	브로콜리, 피망, 피넛소스와 함께 볶은 두부
포함된 필수 비타민과 무기질	비타민 B9, 인, 칼슘, 요오드	비타민 K, 비타민 B12, 철	비타민 C, 비타민 K, 비오틴, 크롬, 철
간식	브라질 너트, 말린 살구	다크 초콜릿, 바나나, 피넛 버터	파인애플과 땅콩을 넣은 요구르트
포함된 필수 비타민과 무기질	비타민 A, 셀레늄	비오틴, 마그네슘, 칼륨, 몰리브덴	비타민 C, 칼슘, 망간

목요일	금요일	토요일	일요일
오트밀, 배, 계피, 호박씨	피넛버터를 바른 잉글리시 머핀, 블루베리	오버나이트 오트밀과 채썬 당근, 피칸, 코코넛	염소 치즈와 근대를 넣은 프리타타, 강화 오렌지 주스
비타민 B1, 비타민 B2, 비타민 B3, 아연	비타민 A, 비타민 B9, 크롬, 구리	비타민 A, 비타민 E, 망간	비타민 D, 비타민 B9, 비타민 K, 칼슘
토마토, 양파, 사과 슬라이스, 양상추를 넣은 햄버거	퀴노아, 병아리콩, 파슬리, 페타 치즈, 레몬 주스, 올리브 오일로 만든 그레인 볼	아루굴라 샐러드와 렌틸콩 스프	닭고기 샐러드 샌드위치, 라즈베리
비타민 K, 비타민 B12, 철	비타민 E, 비타민 K, 비타민 B6, 철	비타민 B9, 마그네슘, 철	비타민 B3, 비타민 B6, 비오틴, 철
칠리와 치즈로 속을 채운 고구마	포크찹, 구운 사과와 양파, 으깬 감자	새우와 호박을 넣은 파스타	가지 파마산, 구운 그린 빈
비타민 A, 비타민 B5, 비타민 B9, 비오틴, 칼슘	비타민 B1, 비타민 B2, 비타민 C, 철	비타민 B12, 인, 요오드 셀레늄	비타민 B6, 칼륨, 크롬, 망간
캐슈넛과 말린 체리	당근 스틱과 과카몰리	비타민 D 강화 우유와 쿠키	기름 없이 튀겨 영양 효소를 뿌린 팝콘
비타민 C, 구리	비타민 A, 비타민 E, 비타민 B5	비타민 B2, 비타민 D, 칼슘	비타민 B12, 마그네슘

picture credits